流体动画引擎开发
理论与实践 Fluid Engine Development

[美] 金度烨　著

杨丰　译

电子工业出版社
Publishing House of Electronics Industry
北京·BEIJING

内 容 简 介

本书围绕流体力学的数值求解，介绍了基于粒子和基于网格的模拟方法，以及混合方法的求解器开发。本书的最大特点在于源码和理论结合紧密，兼具实用性和理论性。读者通过阅读本书，并结合开发实践，可以快速理解流体模拟的核心概念。整个程序的框架都经过了细致的单元测试，并且在设计上具有一定的扩展性，读者在阅读本书后，可以很容易结合自身的需求，开发出具有工程架构的流体动画引擎。

本书适合计算机专业、计算数学专业的高年级本科生、研究生学习，也可以供涉足该领域的研究人员、工程师参考。

版权贸易合同登记号　图字：01-2023-3963

图书在版编目（CIP）数据

流体动画引擎开发：理论与实践 ／（美）金度烨（Doyub Kim）著；杨丰译. —北京：电子工业出版社，2024.5
书名原文：Fluid Engine Development
ISBN 978-7-121-47719-5

Ⅰ. ①流… Ⅱ. ①金… ②杨… Ⅲ. ①三维动画软件 Ⅳ. ①TP391.414

中国国家版本馆 CIP 数据核字（2024）第 077507 号

责任编辑：郑柳洁　　　文字编辑：李秀梅
印　　刷：河北虎彩印刷有限公司
装　　订：河北虎彩印刷有限公司
出版发行：电子工业出版社
　　　　　北京市海淀区万寿路 173 信箱　　邮编：100036
开　　本：720×1000　1/16　印张：18　字数：323 千字
版　　次：2024 年 5 月第 1 版
印　　次：2025 年 4 月第 3 次印刷
定　　价：99.00 元

凡所购买电子工业出版社图书有缺损问题，请向购买书店调换。若书店售缺，请与本社发行部联系，联系及邮购电话：（010）88254888，88258888。

质量投诉请发邮件至 zlts@phei.com.cn，盗版侵权举报请发邮件至 dbqq@phei.com.cn。

本书咨询联系方式：faq@phei.com.cn。

推荐语

本书是一本独特的流体模拟指南。它以清晰的结构和详细的解释，使得复杂的概念变得易于理解，详解了工程实现的每一个步骤，同时保持了足够的深度。它将引导初学者和专业人士一起探索流体动力学的奥秘。本书既是一个完美的学习工具，同时也是科研和工业应用中不可或缺的参考资料。

——蒋陈凡夫，加州大学洛杉矶分校（UCLA）副教授

这是一本非常有意思的流体模拟指南。作者首先循序渐进地梳理了流体模拟中用到的数学、物理知识，然后分别系统地介绍了基于粒子和基于网格两种模拟方法及二者的混合方法。本书不但有详细的代码介绍，帮助读者体验流体模拟的魅力，还提供了作者关于各类方法的讨论，帮助读者延伸思考。相信无论是初学者还是专业人士，都能从阅读本书中获益。

——胡光辉，澳门大学数学系副教授

前　言

流体动画是一个复杂的问题。求解流体动力学被认为是数学中最具挑战性的问题之一[58]，与此同时，其复杂性之美吸引了许多开发人员和研究人员，涵盖视觉效果在故事片中的[22]运用、互动游戏、AR/VR 应用程序，甚至媒体艺术等各个领域。然而，流体动力学的复杂性常常让新手不知所措；即使是具有出色的编程技能和数学知识的人也常常会迷失在方程式中，不知道从哪里入手。

本书的目标是为新手构建流体模拟引擎提供一个全新的起点。本书的主要读者是视觉效果工程师、游戏开发人员、媒体艺术家，以及缺乏数据分析或计算流体动力学深厚知识和经验的学生或计算机领域爱好者。本书涵盖最经典和最常用的技术和代码，以帮助感兴趣的读者学习流体动力学并编写自己的引擎。读者一旦理解了流体模拟的本质，就能够扩展代码库以处理更加复杂和独特的问题。

大多数核心算法都将从开发者角度进行解释，将提供实用和具体的代码示例，而不是抽象的理论。基本的数学不会被省略，如有必要，将解释更深入的细节。读完本书，读者将能够了解引擎的各个部分是如何工作的，并能编写出一个可以工作的流体模拟引擎。然而，本书并不是代码段的集合，也不是 API 文档。这种对开发人员友好的呈现旨在以尽可能轻松的方式传达流体引擎算法的本质，而不仅仅是提供一个黑盒。

本书共 4 章。第 1 章介绍基础知识，解释编写模拟代码的主要步骤，例如向量和矩阵运算及物理动画的概念。第 2 章和第 3 章分别介绍模拟流体的两大范式——粒子和网格。这两种方法具有鲜明的特点和明显的优缺点，我们将在这两章结合各种模型和求解器讨论这些主题。第 4 章介绍结合这两种方法的思路及不同的混合方法。

希望本书能激发读者的灵感，使其构建自己的流体引擎或将随附的代码库用于各类应用程序。即使在本书出版后，源码也会随着更多特性的添加和改进不断发展。希望作者的代码库成为读者互动和分享想法的地方。

原书参考文献说明

为了便于读者更好地利用参考文献，我们将其电子版放在网上，以便读者下载。微信扫描本书封底二维码，回复 47719，获取本书源码和参考文献。

目　录

第 1 章

基础

本章涵盖本书中经常提到的最基本的主题。首先，介绍一个最基础的流体模拟器，以便对构建流体模拟引擎有一个基本的了解。其次，介绍常用的数学和几何运算基础知识。然后，介绍计算机生成动画的核心概念及其实现，进而演化为基于物理的动画。最后，介绍模拟流体流动的一般过程。

1.1　你好，流体模拟

在本节中，我们将实现本书中最简单的流体模拟器。这个极简的例子可能一点儿都不花哨，但它涵盖流体模拟引擎端到端的关键思想。它是独立的，不依赖标准 C++库以外的任何其他库。虽然我们尚未讨论有关模拟的内容，但通过这个 hello-world 示例将为读者提供一种编写流体引擎代码的方法。唯一的先决条件是对 C++有一定的了解，并且能够在命令行工具上运行它。

该示例的目标很简单：在一维世界中模拟两个波，如图 1.1 所示。当波击中容器的末端时，它会沿着相反的方向弹回。

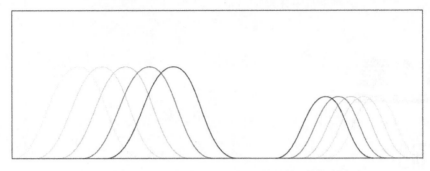

图 1.1 简单的一维波动画，两个不同的波正在来回移动

1.1.1 定义状态

在开始编码之前，我们先退后一步，想象一下如何用代码来描述这些波。在给定时间，波位于特定位置，其速度如图 1.2 所示。另外，最终形状可以根据波的位置得到。因此，波的状态可以简单地定义为一对位置和速度。因为有两个波，所以需要两对状态。这非常简单，没有什么复杂的。

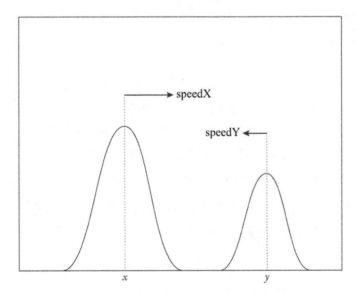

图 1.2 两个波的状态由它们的位置和速度描述

现在，是时候编码了。考虑以下代码：

```
1 #include <cstdio>
2
3 int main() {
```

```
4    double x = 0.0;
5    double y = 1.0;
6    double speedX = 1.0;
7    double speedY = -0.5;
8
9    return 0;
10 }
```

在命名变量时，我们将使用字母 X 来指代其中一个波，使用 Y 来指代另一个波。如代码所示，赋予这些变量的初始值，显示波 X 从最左侧（double x = 0.0）开始，并以 1.0 的速度向右移动（double speedX = 1.0）。类似地，波 Y 从最右侧开始（double y = 1.0）并以波 X 速度的一半向左传播（double speedY = -0.5）。

请注意，我们只是使用 4 个变量定义了模拟的"状态"，这是设计模拟引擎时最关键的步骤。在这个特定的例子中，模拟状态只是波的位置和速度。但在更复杂的系统中，它通常是用各种数据结构的集合来实现的。因此，确定在模拟过程中要记录的值并找到用于存储数据的正确数据结构非常重要。一旦定义了数据模型，下一步就是让波动起来。

1.1.2 计算运动

为了让波动起来，我们应该定义"时间"。请参见以下代码：

```
1  #include <cstdio>
2
3  int main() {
4    double x = 0.0;
5    double y = 1.0;
6    double speedX = 1.0;
7    double speedY = -0.5;
8
9    const int fps = 100;
10   const double timeInterval = 1.0 / fps;
11
12   for (int i = 0; i < 1000; ++i) {
13       //更新波的状态
14   }
15   return 0;
16 }
```

代码的长度增加了一倍，但仍然非常简单。首先，新变量 FPS 代表 "每秒帧数"，它定义了每秒要绘制多少帧。如果反转这个 FPS 值，即每帧秒数，就会得到两帧之间的时间间隔。现在，在代码中将 fps 设置为 100。这意味着两帧之间的间隔是 0.01 秒，它被存储为一个单独的变量 timeInterval。

初始化新变量后，在第 12 行定义一个迭代 1000 次的循环。在这个循环中，要实际移动波 X 和 Y。但是在填充循环之前，我们在 main 函数前加入下面的函数：

```
1 void updateWave(const double timeInterval, double* x, double* speed) {
2     (*x) += timeInterval * (*speed);
3 }
```

这个函数只是一个单行函数，却做了一件有趣的事情，它把接收波的时间间隔和当前中心位置作为形参。它还将波的速度作为参数，并将其相乘以更新波的位置。因此，这段代码在给定的持续时间内稍微平移了波的位置 x，如图 1.3 所示，更新量取决于波的速度（speed）和移动的时间（timeInterval）。另外，运动的方向取决于 speed 的符号。

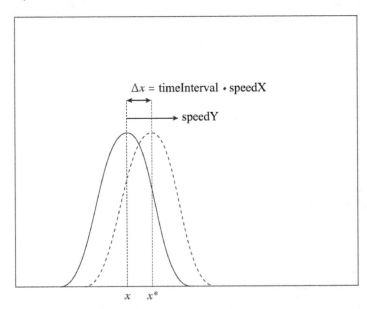

图 1.3　图像显示了在小时间间隔后，波从 x 到 x^* 的平移，位移 Δx 等于时间间隔×速度

这种增量更新是大多数物理模拟随时间演变系统状态的方式。正如代码所示，它通过累积更新状态，或者说积分，更新模拟的状态。每次函数调用的积分量都是物理量的变化率乘以时间间隔。这实际上是用计算机求解微分方程的最简单方

法之一，我们可以用微分方程描述许多物理系统。因此，这一行代码背后的思想将贯穿全书。

1.1.3 边界处理

虽然了解了如何移动波，但是如果它们撞到墙上，怎么办？下面这段代码扩展了上面的代码，通过将波反射到相反的方向来处理这种撞墙的情况。

```
1  void updateWave(const double timeInterval, double* x, double* speed) {
2      (*x) += timeInterval * (*speed);
3
4      //边界反射
5      if ((*x) > 1.0) {
6          (*speed) *= -1.0;
7          (*x) = 1.0 + timeInterval * (*speed);
8      } else if ((*x) < 0.0) {
9          (*speed) *= -1.0;
10         (*x) = timeInterval * (*speed);
11     }
12 }
```

在函数开始计算候选位置后，如果新位置在墙外，则代码首先翻转速度符号，然后它从墙壁位置开始重新计算新位置。这是处理墙壁反射的最简单方法之一，但我们也可以设计更复杂的逻辑来检测和处理撞墙。以上代码展示了处理问题的一般思路。无论如何，我们可以从主循环中调用函数 updateWave。

```
1  #include <cstdio>
2
3  void updateWave(const double timeInterval, double* x, double* speed) {
4      (*x) += timeInterval * (*speed);
5
6      //边界反射
7      if ((*x) > 1.0) {
8          (*speed) *= -1.0;
9          (*x) = 1.0 + timeInterval * (*speed);
10     } else if ((*x) < 0.0) {
11         (*speed) *= -1.0;
12         (*x) = timeInterval * (*speed);
13     }
14 }
15
16 int main() {
```

```
17    double x = 0.0;
18    double y = 1.0;
19    double speedX = 1.0;
20    double speedY = -0.5;
21
22    const int fps = 100;
23    const double timeInterval = 1.0 / fps;
24
25    for (int i = 0; i < 1000; ++i) {
26        //更新波的状态
27        updateWave(timeInterval, &x, &speedX);
28        updateWave(timeInterval, &y, &speedY);
29    }
30    return 0;
31 }
```

我们已经编写了运行模拟所需的所有代码部分。现在，让我们加入可视化的代码。

1.1.4   可视化

仅运行模拟是不够的，我们希望通过动画"看到"结果。这就是计算机图形学的全部意义所在。因此，我们通过向流体模拟器添加一些可视化代码来实现。我们不会编写任何奇特的 OpenGL 或 DirectX 渲染器，但可以尝试使用第三方数据可视化工具来显示数据，例如 Matplotlib[54]。现在让代码尽可能保持简单，在这个例子中，我们将在终端屏幕上简单地显示结果。

```
1 #include <array>
2 #include <cstdio>
3
4 const size_t kBufferSize = 80;
5
6 using namespace std;
7
8 void updateWave(const double timeInterval, double* x, double* speed) {
9     ...
10 }
11
12 int main() {
13    const double waveLengthX = 0.8;
14    const double waveLengthY = 1.2;
15
16    const double maxHeightX = 0.5;
17    const double maxHeightY = 0.4;
```

```
18
19      double x = 0.0;
20      double y = 1.0;
21      double speedX = 1.0;
22      double speedY = -0.5;
23
24      const int fps = 100;
25      const double timeInterval = 1.0 / fps;
26
27      array<double, kBufferSize> heightField;
28
29      for (int i = 0; i < 1000; ++i) {
30          // 更新波的状态
31          updateWave(timeInterval, &x, &speedX);
32          updateWave(timeInterval, &y, &speedY);
33      }
34      return 0;
35  }
```

从前面的代码开始，这是新的设置。请注意，我们又添加了 5 个变量：waveLengthX、waveLengthY、maxHeightX、maxHeightY 和 heightField。除了 heightField，这些变量定义了波的形状属性。然而，变量 heightField 是针对某些特定东西的。如图 1.4 所示，每个$1, \cdots, N-1$数组的元素都将以$0.5/N, 1.5/N, \cdots, (N-0.5)/N$存储波高度。使用此设置，具有波长和最大高度属性的$x$和$y$位置都将映射到数组 heightField 中。假设波具有余弦形状，图 1.5 显示了此映射的预期结果。为了实现这个映射，我们在 main 函数前面的代码中再添加一个函数，具体如下：

```
1 #include <cmath>
2
3 void accumulateWaveToHeightField(
4      const double x,
5      const double waveLength,
6      const double maxHeight,
7      array<double, kBufferSize>* heightField) {
8      const double quarterWaveLength = 0.25 * waveLength;
9      const int start = static_cast<int>((x - quarterWaveLength) * kBufferSize);
10     const int end = static_cast<int>((x + quarterWaveLength) * kBufferSize);
11
12     for (int i = start; i < end; ++i) {
13         int iNew = i;
14         if (i < 0) {
15             iNew = -i - 1;
```

```
16          } else if (i >= static_cast<int>(kBufferSize)) {
17              iNew = 2 * kBufferSize - i - 1;
18          }
19
20          double distance = fabs((i + 0.5) / kBufferSize - x);
21          double height = maxHeight * 0.5
22              * (cos(min(distance * M_PI / quarterWaveLength, M_PI)) + 1.0);
23          (*heightField)[iNew] += height;
24      }
25 }
```

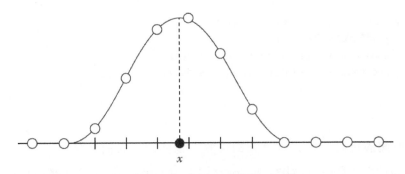

图 1.4　从波的位置x开始构建高度场

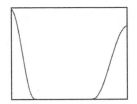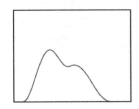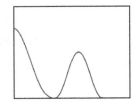

图 1.5　重叠的波动画序列

　　这个新函数将获取波的位置、长度和最大高度。首先在函数的开头定义几个局部变量，然后进行 for 循环以将截断余弦函数累加到波接触处的输入高度场。下面列出完整代码：

```
1 #include <array>
2 #include <cmath>
3 #include <cstdio>
4
5 const size_t kBufferSize = 80;
6
7 using namespace std;
8
9 void accumulateWaveToHeightField(
10     const double x,
```

```
11      const double waveLength,
12      const double maxHeight,
13      array<double, kBufferSize>* heightField) { ... }
14
15  void updateWave(const double timeInterval, double* x, double* speed) {
16      ...
17  }
18
19  int main() {
20      const double waveLengthX = 0.8;
21      const double waveLengthY = 1.2;
22
23      const double maxHeightX = 0.5;
24      const double maxHeightY = 0.4;
25
26      double x = 0.0;
27      double y = 1.0;
28      double speedX = 1.0;
29      double speedY = -0.5;
30
31      const int fps = 100;
32      const double timeInterval = 1.0 / fps;
33
34      array<double, kBufferSize> heightField;
35
36      for (int i = 0; i < 1000; ++i) {
37          //随着时间的推进
38          updateWave(timeInterval, &x, &speedX);
39          updateWave(timeInterval, &y, &speedY);
40
41          //清除高度场
42          for (double& height : heightField) {
43              height = 0.0;
44          }
45
46          //累积每个中心点上的波
47          accumulateWaveToHeightField(x, waveLengthX, maxHeightX, &
heightField);
48          accumulateWaveToHeightField(y, waveLengthY, maxHeightY, &
heightField);
49      }
50
51      return 0;
52  }
```

　　至此，我们构建的是一个将波点映射到可以可视化的实际高度场的代码。这个过程与在位图屏幕上可视化数据的光栅化点非常相似，但是在一维空间中进行的。由于我们实际上并没有在位图上绘图，最终代码使用简单的 ASCII 代码[1]在终端屏幕上显示一维高度场。最终代码如下：

```
1 #include <algorithm>
2 #include <array>
3 #include <chrono>
4 #include <cmath>
5 #include <cstdio>
6 #include <string>
7 #include <thread>
8
9 using namespace std;
10 using namespace chrono;
11
12 const size_t kBufferSize = 80;
13 const char* kGrayScaleTable = " .:-=+*#%@";
14 const size_t kGrayScaleTableSize = sizeof(kGrayScaleTable)/sizeof(char);
15
16 void updateWave(const double timeInterval, double* x, double* speed) {
17     (*x) += timeInterval * (*speed);
18
19     //边界反射
20     if ((*x) > 1.0) {
21         (*speed) *= -1.0;
22         (*x) = 1.0 + timeInterval * (*speed);
23     } else if ((*x) < 0.0) {
24         (*speed) *= -1.0;
25         (*x) = timeInterval * (*speed);
26     }
27 }
28
29 void accumulateWaveToHeightField(
30     const double x,
31     const double waveLength,
32     const double maxHeight,
33     array<double, kBufferSize>* heightField) {
34     const double quarterWaveLength = 0.25 * waveLength;
35     const int start
36         = static_cast<int>((x - quarterWaveLength) * kBufferSize);
37     const int end
38         = static_cast<int>((x + quarterWaveLength) * kBufferSize);
39
```

```
40   for (int i = start; i < end; ++i) {
41       int iNew = i;
42       if (i < 0) {
43           iNew = -i - 1;
44       } else if (i >= static_cast<int>(kBufferSize)) {
45           iNew = 2 * kBufferSize - i - 1;
46       }
47
48       double distance = fabs((i + 0.5) / kBufferSize - x);
49       double height = maxHeight * 0.5
50           * (cos(min(distance * M_PI / quarterWaveLength, M_PI)) + 1.0);
51       (*heightField)[iNew] += height;
52   }
53 }
54
55 void draw(
56     const array<double, kBufferSize>& heightField) {
57     string buffer(kBufferSize, ' ');
58
59     //将高度场转换成灰阶图
60     for (size_t i = 0; i < kBufferSize; ++i) {
61         double height = heightField[i];
62         size_t tableIndex = min(
63             static_cast<size_t>(floor(kGrayScaleTableSize * height)),
64             kGrayScaleTableSize - 1);
65         buffer[i] = kGrayScaleTable[tableIndex];
66     }
67
68     //清除旧的值
69     for (size_t i = 0; i < kBufferSize; ++i) {
70         printf("\b");
71     }
72
73     //绘制到新的缓存中
74     printf("%s", buffer.c_str());
75     fflush(stdout);
76 }
77
78 int main() {
79     const double waveLengthX = 0.8;
80     const double waveLengthY = 1.2;
81
82     const double maxHeightX = 0.5;
83     const double maxHeightY = 0.4;
84
85     double x = 0.0;
```

```
86      double y = 1.0;
87      double speedX = 1.0;
88      double speedY = -0.5;
89
90      const int fps = 100;
91      const double timeInterval = 1.0 / fps;
92
93      array<double, kBufferSize> heightField;
94
95      for (int i = 0; i < 1000; ++i) {
96          //随着时间的推进
97          updateWave(timeInterval, &x, &speedX);
98          updateWave(timeInterval, &y, &speedY);
99
100          //清除高度场
101          for (double& height : heightField) {
102              height = 0.0;
103          }
104
105          //累积每个中心点的波
106          accumulateWaveToHeightField(
107              x, waveLengthX, maxHeightX, &heightField);
108          accumulateWaveToHeightField(
109              y, waveLengthY, maxHeightY, &heightField);
110
111          //绘制高度场
112          draw(heightField);
113
114          //等待
115          this_thread::sleep_for(milliseconds(1000 / fps));
116      }
117
118      printf("\n");
119      fflush(stdout);
120
121      return 0;
122  }
```

请注意，我们在第 115 行的绘制调用之后又添加了一行代码。这是一个睡眠函数调用，它让程序等待给定的持续时间，然后继续执行下一行代码。在这种情况下，循环的每次迭代都花费 1000/FPS ms。

1.1.5　最终结果

我们终于完成了第一个流体模拟代码的编写！可以从源码储存库的根目录调用：

`bin/hello_fluid_sim`

运行该程序。源码（main.cpp）可以在 src/examples/hello_fluid_sim/main.cpp 中找到。

总之，这个 hello-world 示例的目的是提供开发流体引擎所需的核心思想。该代码演示了如何定义模拟状态、随时间更新状态、处理与非流体对象的交互，以及最后将结果可视化。我们将在本书中看到针对各种现象的不同类型的模拟技术，但基本思想是相同的。

1.2　如何阅读本书

为了帮助阅读和理解本书，本节介绍代码和数学表达式的基本约定。

1.2.1　获取代码

本书中的代码可以从作者的 GitHub 页面中找到。还可以从存储库中复制最新版本的代码，它可能包含错误修复和更多特性。

代码库依赖一些第三方库，其中一些无法从 Homebrew 或 apt-get 等包管理器中获得。这些库作为 git 子模块被包含在内。因此，我们必须在复制主存储库后初始化子模块：

```
git submodule init
git submodule update
```

为了构建代码，对于 Mac OS X 和 Linux 平台，使用 SCons[73]；对于 Windows，使用 Microsoft Visual Studio。请参阅存储库中的 README.md 和 INSTALL.md 获取最新的构建说明。

1.2.2　阅读代码

正如我们一开始就在 hello-world 流体模拟示例中看到的那样，示例代码或文件路径的文本将以固定宽度的字体书写。多行代码会写成如下形式：

```
1 void foo() {
2     printf("bar\n");
3 }
```

1.2.2.1　语言

代码主要用 C++11 编写，构建工具和实用脚本除外，它们是用 Python 编写的。例如，lambda 函数、模板别名、可变参数模板、基于范围的循环、auto 和 std::array 都是代码从 C++11 开始使用的一些特性。然而，本书试图通过避免花哨且费解的代码来使代码尽可能可读。要获得有关 C++11 的更多信息，请从 Bjarne Stroustrup 的网页[114]和 Scott Meyers 的书[84]中找到更多详细信息。

1.2.2.2　源码架构

如果没有指定，则大部分代码都可以通过类名找到。例如，类 Collider3 的头文件和源文件可以在 include/jet/collider3.h 和 src/jet/collider3.cpp 中找到。文件和目录以小写字母和下画线命名，例如 path_to/my/awesome_code.cpp。对于非类代码，例如全局函数和常量，它们按其特性分组。例如，可以从 include/jet/math_utils.h 中找到数学实用函数。

如果是模板类或函数，声明可以在 include/jet 下找到，定义可以在 include/jet/detail 下找到。由于定义是内联实现，文件名有后缀-inl.h。例如，模板类 Vector3 在 include/jet/vector3.h 中有声明，在 include/jet/vector3-inl.h 中有实现。

1.2.2.3　命名规范

该代码使用 CamelCase 命名类，使用 camelCase 命名函数和变量，使用 MACRO_NAME 命名宏。

如果一个类型需要通过其维度和值类型来区分，则代码会添加相应的后缀来描述它。例如：

```
1 template <typename T, size_t N>
```

```
2 class Vector { ... };
```

在这种情况下，可以为特定的值类型和维度定义类型别名，例如：

```
1 template <typename T> using Vector3 = Vector<T, 3>;
2 typedef Vector3<float> Vector3F
3 typedef Vector3<double> Vector3D
```

请注意，后缀 3 表示此向量类的维度为 3。另外，后缀 F 和 D 表示分别使用 float 和 double 作为值类型。

私有或保护成员变量的名称以下画线开头，例如：

```
1 class MyClass {
2     ...
3
4  private:
5      double _data;
6 };
```

如果可能，代码，尤其是 API，尽可能地详细。例如，我们更喜欢使用 timeIntervalInSeconds 而不是 dt，或 viscosityCoefficient 而不是 mu。

1.2.2.4 常量

常用常量位于 **jet/include/constants.h** 头文件中。常量的名称以字母 k 开头，后接驼峰命名约定的值和类型。例如，无符号大小类型零常量定义为：

```
1 const size_t kZeroSize = 0;
```

同样，双精度浮点数π定义为：

```
1 const double kPiD = 3.14159265358979323846264338327950288;
```

还有一些物理常数，例如：

```
1 //重力
2 const double kGravity = -9.8;
3
4 //20℃水的声速
5 const double kSpeedOfSoundInWater = 1482.0;
```

1.2.2.5 数组

数组是代码库中最常用的基础类型。它提供了多种数据类型来访问一维、二维和三维数组。它们不像 NumPy[118]那样通用，但支持大多数用例。

为了存储一维数据，我们定义了以下类：

```
1 template <typename T, size_t N>
2 class Array final {};
3
4 template <typename T>
5 class Array<T, 1> final {
6   public:
7       Array();
8
9 ...
10
11      T& operator[](size_t i);
12      const T& operator[](size_t i) const;
13
14      size_t size() const;
15
16 ...
17
18   private:
19      std::vector<T> _data;
20 };
21
22 template <typename T> using Array1 = Array<T, 1>;
```

新数据类型 Array<T,1>是对 std::vector 的包装，并添加了一些内容。请参阅 jet/include/array1.h 了解详细信息。我们可以将其扩展到二维和三维数组。二维数组如下：

```
1 template <typename T>
2 class Array<T, 2> final {
3   public:
4       Array();
5
6       ...
7
8       T& operator()(size_t i, size_t j);
9       const T& operator()(size_t i, size_t j) const;
10
11      Size3 size() const;
12      size_t width() const;
13      size_t height() const;
14
15      ...
16
```

```
17  private:
18      Size2 _size;
19      std::vector<T> _data;
20 };
21
22 template <typename T> using Array2 = Array<T, 2>;
```

三维数组如下：

```
1 template <typename T>
2 class Array<T, 3> final {
3   public:
4      Array();
5
6      ...
7
8      T& operator()(size_t i, size_t j, size_t k);
9      const T& operator()(size_t i, size_t j, size_t k) const;
10
11     Size3 size() const;
12     size_t width() const;
13     size_t height() const;
14     size_t depth() const;
15
16     ...
17
18   private:
19     Size3 _size;
20     std::vector<T> _data;
21 };
22
23 template <typename T> using Array3 = Array<T, 3>;
```

这里，Size2 和 Size3 是包含两个和三个 size_t 的元组，表示多维数组的大小。i 的范围是 $[0, \text{width})$，j 的范围是 $[0, \text{height})$，k 的范围是 $[0, \text{depth})$[1]。请注意，这两个类都定义了 operator()，它在二维空间中返回 (i, j) 处的数组元素，在三维空间中返回 (i, j, k) 处的数组元素。数据存储为一维 std::vector，但通过以下方式映射到二维或三维：

```
1 template <typename T>
2 T& Array<T, 2>::operator()(size_t i, size_t j) {
3      return _data[i + _size.x * j];
```

---

① 符号"["表示包含，")"表示排他。因此，[0,width)表示 0 到 width−1。

```
4 }
5
6 template <typename T>
7 const T& Array<T, 2>::operator()(size_t i, size_t j) const {
8     return _data[i + _size.x * j];
9 }
10
11 template <typename T>
12 T& Array<T, 3>::operator()(size_t i, size_t j, size_t k) {
13     return _data[i + _size.x * (j + _size.y * k)];
14 }
15
16 template <typename T>
17 const T& Array<T, 3>::operator()(size_t i, size_t j, size_t k) const {
18     return _data[i + _size.x * (j + _size.y * k)];
19 }
```

请注意，这里使用以 i 为主元排序。因此，迭代三维数组可以写成：

```
1 Array3<double> data = ...
2
3 for (size_t k = 0; k < data.depth(); ++k) {
4     for (size_t j = 0; j < data.height(); ++j) {
5         for (size_t i = 0; i < data.width(); ++i) {
6             data(i, j, k) = ...
7         }
8     }
9 }
```

为了最大化缓存命中，最内层的循环迭代 i。如果编写 3 个 **for** 循环对我们来说太烦琐，则可以使用一些辅助函数来缩短代码：

```
1 template <typename T>
2 class Array<T, 3> final {
3  public:
4     Array();
5
6     ...
7
8     void forEachIndex(
9         const std::function<void(size_t, size_t, size_t)>& func) const;
10
11     void parallelForEachIndex(
12         const std::function<void(size_t, size_t, size_t)>& func) const;
13
14     ...
```

```
15 };
```

forEachIndex 函数获取函数对象，并以 i 为主元按顺序迭代每个(i, j, k)索引。函数 parallelForEachIndex 执行相同的迭代，但使用多个线程并行进行①。这两个实用函数可以按以下方式使用：

```
1 Array3<double> data = ...
2
3 data.forEachIndex([&] (size_t i, size_t j, size_t k) {
4     data(i, j, k) = ...
5   });
6
7 data.parallelForEachIndex([&] (size_t i, size_t j, size_t k) {
8     data(i, j, k) = ...
9   });
```

在这里，我们使用 lambda 函数来内联函数对象。如果理解此代码有困难，请参阅 C++11 lambda 特性[114]。

代码库中经常使用的另一种与数组相关的类型是数组访问器。它们是简单的数组包装器，与随机访问迭代器非常相似。它们不提供任何分配或释放堆内存的能力，而只是简单地携带数组指针并提供相同的(i, j, k)索引。例如，可以这样定义三维数组访问器类：

```
1 template <typename T>
2 class ArrayAccessor<T, 3> final {
3  public:
4     ArrayAccessor();
5     explicit ArrayAccessor(const Size3& size, T* const data);
6
7     ...
8
9     T& operator()(size_t i, size_t j, size_t k);
10    const T& operator()(size_t i, size_t j, size_t k) const;
11
12    Size3 size() const;
13    size_t width() const;
14    size_t height() const;
15    size_t depth() const;
16
```

---

① 代码库利用 std::thread 进行并行处理。有关实际实现，请参阅 include/jet/parallel.h 和 include/jet/detail/parallel-inl.h。

```
17      ...
18
19   private:
20      Size3 _size;
21      T* _data;
22 };
23
24 template <typename T> using ArrayAccessor3 = ArrayAccessor<T, 3>;
25
26 template <typename T>
27 class ConstArrayAccessor<T, 3> {
28   public:
29      ConstArrayAccessor();
30      explicit ConstArrayAccessor(const Size3& size, const T* const data);
31
32      ...
33
34      const T& operator()(size_t i, size_t j, size_t k) const;
35
36      Size3 size() const;
37      size_t width() const;
38      size_t height() const;
39      size_t depth() const;
40
41      ...
42
43   private:
44      Size3 _size;
45      const T* _data;
46 };
47
48 template <typename T> using ConstArrayAccessor3 = ConstArrayAccessor<T,3>;
```

　　这两个类用于在不分配或不释放内存的情况下交换数据。特别是第二个类——ConstArrayAccessor<T,3>，仅用于读取操作，就像 C++ STL 中的 const 迭代器一样。在代码库中，所有多维数组类型都返回数组访问器。例如，Array<T,3>提供了以下成员函数：

```
1 template <typename T>
2 class Array<T, 3> final {
3   public:
4      ...
5
6      ArrayAccessor3<T> accessor();
7      ConstArrayAccessor3<T> constAccessor() const;
```

```
 8
 9      ...
10 };
11
12 template <typename T>
13 ArrayAccessor3<T> Array<T, 3>::accessor() {
14    return ArrayAccessor3<T>(size(), data());
15 }
16
17 template <typename T>
18 ConstArrayAccessor3<T> Array<T, 3>::constAccessor() const {
19    return ConstArrayAccessor3<T>(size(), data());
20 }
```

这种编码模式将频繁出现在基于网格的流体模拟代码中。

1.2.3　阅读数学表达式

数学表达式将使用 Serif 字体书写，例如 $e = mc^2$。更长的方程式甚至多行表达式将写成如下形式：

$$\frac{\partial \boldsymbol{u}}{\partial t} + \boldsymbol{u} \cdot \nabla \boldsymbol{u} = \nu \nabla^2 \boldsymbol{u} + \boldsymbol{g}$$

$$\nabla \cdot \boldsymbol{u} = 0$$

标量、向量与矩阵

我们将在接下来的内容中介绍什么是向量和矩阵。简而言之，向量是代表一个点或方向的数字列表。标量是单个数字。标量值以正体书写，例如 c，而向量使用粗体小写字体，例如 $\boldsymbol{f}$。矩阵使用粗体大写字母，例如 $\boldsymbol{M}$。

1.3　数学

本节将介绍本书中最常用的数学运算、数据结构和概念。如果读者已经熟悉线性代数和向量微积分，则可以跳过本节。

1.3.1　坐标系

坐标系是使用以某种特定方式计算的坐标来指定点的系统[119]。最简单的坐标系由相互垂直的坐标轴组成，被称为笛卡儿坐标系。还有其他类型的坐标系，例如极坐标系。本书中只使用笛卡儿坐标系。

图 1.6 显示了二维和三维空间笛卡儿坐标系，其中箭头代表坐标轴，每个轴都标有 x、y 和 z。该图显示 x 标记在指向右侧的坐标轴上，y 和 z 分别标记在向上和向前的坐标轴上。我们可以使用不同的顺序来标记 x、y 和 z。但本书将遵循图 1.6 所示的约定。这被称为右手坐标系，因为我们可以用右手将拇指、食指和中指分别指向 x、y 和 z 方向。

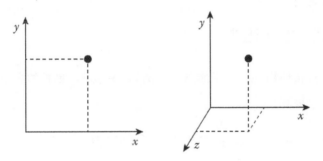

图 1.6　二维和三维空间笛卡儿坐标系

1.3.2　向量

我们为空间定义了轴。现在，来谈谈空间中的点。从图 1.7 可以看出，图中的 A 点可以正交投影到 x 轴和 y 轴上，投影值可以用一对数字进行描述。在此特定示例中，它记作(2,3)。

同样，可以用对形式来描述两点之间的差分。如图 1.7 所示，以从 A 点指向 B 点的箭头为例。B 点位于(7,4)，因此它在 x 方向上距离 A 点两个单位，在 y 方向上距离 A 点四个单位。也可以将这个差值或增量写成对的形式(5,1)，它可以表示为一个点，如图中 C 点所示。

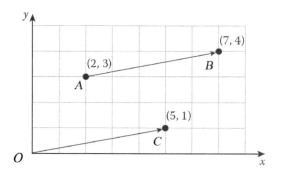

图 1.7 二维空间中的 3 个点 A、B 和 C

为了概括这些想法，我们引入了向量。正如从前面的示例中看到的那样，向量只是一组数字，这些数字从原点指向这些数字的坐标。例如，在三维空间中，向量(2,3,7)是一个从点(0,0,0)开始并在点(2,3,7)结束的箭头。向量可以用来描述一个点的坐标，也可以用来表示位移。例如，如果我们想通过将x坐标平移−1、y坐标平移 5、z 坐标平移 4 来移动一个点，则可以编写一个向量(−1,5,4)来描述平移。还可以得到从一维到 N 维的任意维向量。

现在，我们看看如何定义一个类来表示向量。考虑下面这个类：

```
1 template <typename T, size_t N>
2 class Vector final {
3   public:
4     static_assert(
5       N > 0,
6       "Size of static-sized vector should be greater than zero.");
7     static_assert(
8       std::is_floating_point<T>::value,
9       "Vector only can be instantiated with floating point types");
10
11  private:
12    std::array<T, N> _elements;
13 };
```

该类接收两个模板参数，即元素 **T** 的数据类型和向量的维数 **N**。请注意，对于值类型 **T**，我们只允许浮点数 float 或 double，因为我们希望此向量类仅用于数学运算，而不是存储任意类型①。我们还将 **N** 的范围限制为大于零。

添加一些构造函数、变量存取函数和实用运算符后，代码如下所示：

---

① 存储任意值的更通用的数据类型是 std::tuple。

```
1  template <typename T, std::size_t N>
2  class Vector final {
3   public:
4      //静态断言
5      ...
6
7
8      Vector();
9
10     template <typename... Params>
11     explicit Vector(Params... params);
12
13     explicit Vector(const std::initializer_list<T>& lst);
14
15     Vector(const Vector& other);
16
17     void set(const std::initializer_list<T>& lst);
18
19     void set(const Vector& other);
20
21     Vector& operator=(const std::initializer_list<T>& lst);
22
23     Vector& operator=(const Vector& other);
24
25     const T& operator[](std::size_t i) const;
26
27     T& operator[](std::size_t);
28
29   private:
30     std::array<T, N> _elements;
31
32     //私有的帮助函数
33     ...
34 };
```

完整的实现可以从 include/vector.h 和 include/detail/vector-inl.h 中找到。基本用法示例可以从位于 src/tests/unit_tests/vector_tests.cpp 的单元测试中找到。

在计算机图形学中，最常用的向量是二维、三维和四维向量。对于这样的维度，我们可以特化模板类，并为频繁使用提供更有用的结构和辅助函数。这将防止过度泛化向量类，以免内部逻辑过于复杂。以三维向量为例，我们可以将特化类写成如下形式：

```
1 template <typename T>
2 class Vector<T, 3> final {
3   public:
4       ...
5
6       T x;
7       T y;
8       T z;
9 };
10
11 template <typename T> using Vector3 = Vector<T, 3>;
12
13 typedef Vector3<float> Vector3F;
14 typedef Vector3<double> Vector3D;
```

最显著的变化是新类没有定义数组，而是显式声明了 **x**、**y** 和 **z**。这是一个很小的变化，但提供了对坐标的简单访问点，这在许多情况下都非常方便。另一种方式是可以通过大小为 3 的数组来实现这一点，就像 Vector<T,N>一样，并为 **x**、**y** 和 **z** 提供专用的存取函数。这样做完全没问题，这只是一个设计问题。无论如何，在类定义之后也定义了别名，这在尝试实例化常用类型时也很有用。Vector<T,3>的最终实现可以在 include/vector3.h 和 include/detail/vector3-inl.h 中找到。与 Vector<T,N>类似，示例位于 src/tests/unit_tests/vector3_tests.cpp 中。

至此，我们已经了解了向量的基本概念和一些表示向量数据的代码。接下来，我们将介绍使用向量及其实现的常用算子。

1.3.2.1 基础运算

我们从最基本的算术运算开始。就像标量值一样，我们也可以将一个向量与另一个向量相加、相减、相乘和相除。通过扩展之前的代码，可以这样写：

```
1 template <typename T>
2 class Vector<T, 3> final {
3   public:
4       ...
5
6       //二元运算: new instance = this (+) v
7       Vector add(T v) const;
8       Vector add(const Vector& v) const;
9       Vector sub(T v) const;
10      Vector sub(const Vector& v) const;
```

```
11        Vector mul(T v) const;
12        Vector mul(const Vector& v) const;
13        Vector div(T v) const;
14        Vector div(const Vector& v) const;
15 };
```

此代码表明，也可以应用标量类型的算术运算。以 add 函数为例，可以写成如下形式：

```
1 template <typename T>
2 Vector<T,3> Vector<T,3>::add(T v) const {
3     return Vector(x + v, y + v, z + v);
4 }
5
6 template <typename T>
7 Vector<T,3> Vector<T,3>::add(const Vector& v) const {
8     return Vector(x + v.x, y + v.y, z + v.z);
9 }
```

重载运算符也很方便，可以这样使用类：

```
1 Vector3D a(1.0, 2.0, 3.0), b(4.0, 5.0, 6.0):
2 Vector3D c = a + b;
```

可以通过添加以下内容轻松实现这些函数：

```
1 template <typename T>
2 Vector<T,3> operator+(const Vector<T,3>& a, T b) {
3     return a.add(b);
4 }
5
6 template <typename T>
7 Vector<T,3> operator+(T a, const Vector<T,3>& b) {
8     return b.add(a);
9 }
10
11 template <typename T>
12 Vector<T,3> operator+(const Vector<T,3>& a, const Vector<T,3>& b) {
13     return a.add(b);
14 }
```

加、减、乘的几何意义如图 1.8 所示。

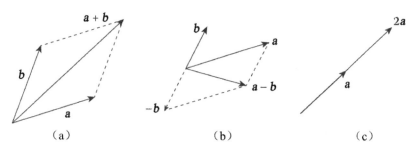

图 1.8　加、减、乘的几何意义

（a）向量**a**和**b**相加；（b）从**a**中减去向量**b**；（c）将标量 2 乘以向量**a**

1.3.2.2　点积与叉积

　　点积和叉积都是二元运算，都具有几何意义。点积将一个向量投影到另一个向量并返回投影向量的长度。根据余弦函数的定义，用两个单位大小的向量进行点积得到两者之间的余弦角。叉积从输入的两个向量定义的平行四边形中产生垂直向量，其大小由平行四边形的面积决定。图 1.9 说明了这两种运算是如何工作的。

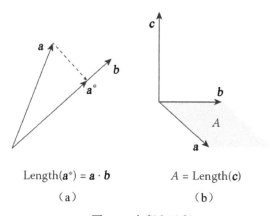

$$\text{Length}(\boldsymbol{a}^*) = \boldsymbol{a} \cdot \boldsymbol{b} \qquad\qquad A = \text{Length}(\boldsymbol{c})$$

（a）　　　　　　　　　　（b）

图 1.9　点积和叉积

（a）向量**a***是**a**到**b**的投影，若**b**是一个单位向量，**a***的长度是**a**和**b**点积的结果；

（b）向量**c**是**a**和**b**的叉积，**c**的长度等于面积 A

点积的数学定义为

$$\boldsymbol{a} \cdot \boldsymbol{b} = a_x b_x + a_y b_y + a_z b_z \tag{1.1}$$

叉积的数学定义为

$$\boldsymbol{a} \times \boldsymbol{b} = \left(a_y b_z - a_z b_y\right)\boldsymbol{i} + \left(a_z b_x - a_x b_z\right)\boldsymbol{j} + \left(a_x b_y - a_y b_x\right)\boldsymbol{k} \tag{1.2}$$

其中，i、j 和 k 分别代表 x、y 和 z 轴。等效代码从声明接口开始：

```
1 template <typename T>
2 class Vector<T, 3> final {
3   public:
4       ...
5       T dot(const Vector& v) const;
6       Vector cross(const Vector& v) const;
7 };
```

背后的实际实现是这样的：

```
1 template <typename T>
2 T Vector<T,3>::dot(const Vector& v) const {
3    return x * v.x + y * v.y + z * v.z;
4 }
5
6 template <typename T>
7 Vector<T,3> Vector<T,3>::cross(const Vector& v) const {
8    return Vector(y*v.z - v.y*z, z*v.x - v.z*x, x*v.y - v.x*y);
9 }
```

值得一提的是，点积返回两个向量的标量值，而叉积返回一个向量作为结果。但在二维空间中，叉积也会产生一个标量值。如果我们将二维空间重新解释为三维空间中的 xy 平面，则在平面上执行叉积，将给出指向 $+z$ 或 $-z$ 方向的向量。在二维空间中，这只是一个符号问题。因此，叉积代码就变成了如下形式：

```
1 template <typename T>
2 Vector<T,2> Vector<T,2>::cross(const Vector& v) const {
3    return x*v.y - v.x*y;
4 }
```

1.3.2.3　其他运算

使用到目前为止所见的基本运算符号，还可以实现向量运算时经常使用的辅助函数。

1. 向量长度

我们可以使用勾股定理计算向量的长度 $l = |v|$，如图 1.10 所示。对于三维向量，可以实现如下所示的函数：

```
1 template <typename T>
2 T Vector<T,3>::length() const {
3    return std::sqrt(x * x + y * y + z * z);
```

```
4 }
```

这段代码实现了简单的公式 $\sqrt{x^2 + y^2 + z^2}$。有时，使用 `length2` 而不使用 `length` 会更有效，尤其是当比较两个向量之间的长度时。这是因为我们不必调用 `std::sqrt`，它涉及比加法等简单的操作更多的运算，如果 $a < b$，则 $a^2 < b^2$ 也为真。因此，可以编写以下辅助函数：

```
1 template <typename T>
2 T Vector<T,3>::lengthSquared() const {
3     return x * x + y * y + z * z;
4 }
```

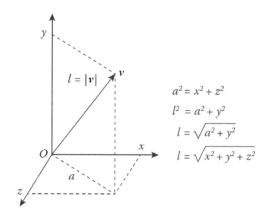

图 1.10　计算向量 v 的长度 l

2. 向量正则化

长度等于 1 的向量被称为单位向量，将向量变成单位向量则被称为正则化。如果向量的长度为 l，则可以按 $1/l$ 缩放其大小，并得到正则化向量。因此，代码可以写成如下形式：

```
1 template <typename T>
2 void Vector<T,3>::normalize() {
3     T l = length();
4     x /= l;
5     y /= l;
6     z /= l;
7 }
8
9 Vector<T,3> Vector<T,3>::normalized() const {
10     T l = length();
11     return Vector(x / l, y / l, z / l);
12 }
```

第一个函数 `normalize()`将给定向量转换为单位向量，而第二个函数 `normalized()`创建一个新向量，它是给定向量的单位向量。

3. 投影

接下来的运算需要一些对几何的理解。如图 1.11 所示，我们要在表面上投影一个由表面法向量定义的向量。由 1.3.2.2 节可知，可以使用点积将一个向量投影到另一个向量。但在这种情况下，我们希望将向量投影到表面上。为此，首先需要将向量分解为一个平行于表面法线的向量，以及另一个向量，即我们想知道的投影向量。如果我们从原始向量中减去法向分量，就可以得到投影向量。可以把它写成

$$v^* = v - (v \cdot n)n \tag{1.3}$$

其中，n是表面法向量。该等式可以直接实现为：

```
1 template <typename T>
2 Vector<T, 3> Vector<T, 3>::projected(const Vector<T, 3>& normal) const {
3     return sub(dot(normal) * normal);
4 }
```

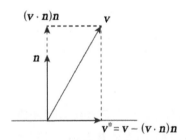

图 1.11　向量v投影在具有法线 n 的表面上，得到向量v^*

4. 反射

我们可以采用相同的方法来计算反射。如图 1.12 所示，再次将输入向量分解为表面法向和切向分量，然后减去输入向量的缩放法向分量以获得反射向量。写下等式，得到

$$v^* = v - 2 (v \cdot n) n \tag{1.4}$$

代码可以写成如下形式：

```
1 template <typename T>
2 Vector<T, 3> Vector<T, 3>::reflected(const Vector<T, 3>& normal) const {
```

```
3    return sub(normal.mul(2 * dot(normal)));
4 }
```

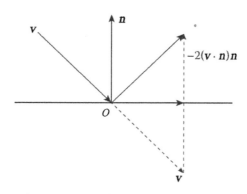

图 1.12　向量v从具有法线n的表面反射，从而产生向量v^*

5. 切向量

如果给定的向量定义了表面的法线方向，则可以考虑从法线计算切向量。如果想在表面上生成由表面法线定义的点，那么这样做将非常有用。如图 1.13 所示，表面上可以有无限个切向量，因此我们将选择两个垂直向量。根据定义，这两个切向量也与法向量正交。因此，这 3 个向量在几何表面上构成了一个坐标系。

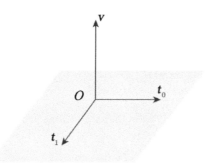

图 1.13　向量v有两个切向量t_0和t_1

要计算两个切向量，参见下面的代码：

```
1 template <typename T>
2 std::tuple<Vector<T, 3>, Vector<T, 3>> Vector<T, 3>::tangential() const {
3    Vector<T, 3> a = ((std::fabs(y) > 0 || std::fabs(z) > 0) ?
4        Vector<T, 3>(1, 0, 0) :
5        Vector<T, 3>(0, 1, 0)).cross(*this).normalized();
6    Vector<T, 3> b = cross(a);
7    return std::make_tuple(a, b);
8 }
```

请注意，此向量是表面法向量。如果法线不平行于x轴，则首先选择x方向向量$(1,0,0)$；如果平行，则选择$y(0,1,0)$。这个选定的向量可以是任何不平行于法向量的向量。我们只是暂时需要它来计算垂直于表面法线的向量。我们通过对所选向量和表面法线进行叉积来计算这个新向量a。然后，再次与法向量进行叉积得到向量b，并将a和b作为元组返回。

6. 运算符重载

我们还可以添加其他辅助函数，例如运算符重载。我们不会深入研究细节的内容，但下面的代码列出了可以实现的内容。读者可以从 include/vector3.h 和 include/detail/vector3-inl.h 中找到有关三维向量的详细信息。读者还可以从 include/detail/vector2-inl.h 和 include/detail/vector4-inl.h 中找到二维和四维向量实现。代码如下：

```
1 template <typename T>
2 class Vector<T, 3> final {
3   public:
4       ...
5
6       //构造函数
7       Vector();
8       explicit Vector(T x, T y, T z);
9       explicit Vector(const Vector2<T>& pt, T z);
10      Vector(const std::initializer_list<T>& lst);
11      Vector(const Vector& v);
12
13      ...
14
15      //运算符
16      T& operator[](std::size_t i);
17      const T& operator[](std::size_t i) const;
18
19      Vector& operator=(const std::initializer_list<T>& lst);
20      Vector& operator=(const Vector& v);
21      Vector& operator+=(T v);
22      Vector& operator+=(const Vector& v);
23      Vector& operator-=(T v);
24      Vector& operator-=(const Vector& v);
25      Vector& operator*=(T v);
26      Vector& operator*=(const Vector& v);
27      Vector& operator/=(T v);
28      Vector& operator/=(const Vector& v);
```

```
29
30     bool operator==(const Vector& v) const;
31     bool operator!=(const Vector& v) const;
32 };
33
34
35 template <typename T> using Vector3 = Vector<T, 3>;
36
37 template <typename T>
38 Vector3<T> operator+(const Vector3<T>& a);
39
40 template <typename T>
41 Vector3<T> operator-(const Vector3<T>& a);
42
43 template <typename T>
44 Vector3<T> operator+(T a, const Vector3<T>& b);
45
46 template <typename T>
47 Vector3<T> operator+(const Vector3<T>& a, const Vector3<T>& b);
48
49 template <typename T>
50 Vector3<T> operator-(const Vector3<T>& a, T b);
51
52 template <typename T>
53 Vector3<T> operator-(T a, const Vector3<T>& b);
54
55 template <typename T>
56 Vector3<T> operator-(const Vector3<T>& a, const Vector3<T>& b);
57
58 template <typename T>
59 Vector3<T> operator*(const Vector3<T>& a, T b);
60
61 template <typename T>
62 Vector3<T> operator*(T a, const Vector3<T>& b);
63
64 template <typename T>
65 Vector3<T> operator*(const Vector3<T>& a, const Vector3<T>& b);
66
67 template <typename T>
68 Vector3<T> operator/(const Vector3<T>& a, T b);
69
70 template <typename T>
71 Vector3<T> operator/(T a, const Vector3<T>& b);
72
73 template <typename T>
74 Vector3<T> operator/(const Vector3<T>& a, const Vector3<T>& b);
```

```
75
76 template <typename T>
77 Vector3<T> min(const Vector3<T>& a, const Vector3<T>& b);
78
79 template <typename T>
80 Vector3<T> max(const Vector3<T>& a, const Vector3<T>& b);
81
82 template <typename T>
83 Vector3<T> clamp(const Vector3<T>& v, const Vector3<T>& low, const
Vector3<T>& high);
84
85 template <typename T>
86 Vector3<T> ceil(const Vector3<T>& a);
87
88 template <typename T>
89 Vector3<T> floor(const Vector3<T>& a);
90
91 typedef Vector3<float> Vector3F;
92 typedef Vector3<double> Vector3D;
```

1.3.3 矩阵

矩阵是一个二维数组，在每一行和每一列都存储数字。例如，一个 M 行 N 列的矩阵，即 $M \times N$ 矩阵，可以记作

$$A = \begin{bmatrix} a_{11} & a_{12} & a_{13} & \cdots & a_{1N} \\ a_{21} & a_{22} & a_{23} & \cdots & a_{2N} \\ \vdots & \vdots & \vdots & \ddots & \vdots \\ a_{M1} & a_{M2} & a_{M3} & \cdots & a_{MN} \end{bmatrix} \tag{1.5}$$

其中，a_{ij} 表示第 i 行第 j 列的矩阵元素。$M \times N$ 矩阵可以解释为一组 M 行向量或 N 列向量。

1.3.3.1 基础矩阵运算

下面介绍最常用的矩阵运算。

1. 矩阵–向量乘法

第一个要介绍的运算是矩阵–向量乘法。假设有一个 $M \times N$ 矩阵 A 和 N 维向量 x。将向量与矩阵相乘表示为

$$y = Ax \tag{1.6}$$

可以按元素编写运算，例如

$$\begin{bmatrix} y_1 \\ y_2 \\ \vdots \\ y_M \end{bmatrix} = \begin{bmatrix} a_{11} & a_{12} & a_{13} & \dots & a_{1N} \\ a_{21} & a_{22} & a_{23} & \dots & a_{2N} \\ \vdots & \vdots & \vdots & \ddots & \vdots \\ a_{M1} & a_{M2} & a_{M3} & \dots & a_{MN} \end{bmatrix} \begin{bmatrix} x_1 \\ x_2 \\ \vdots \\ x_N \end{bmatrix} \tag{1.7}$$

其中，输出向量 $\boldsymbol{y}$ 是一个 M 维向量。输出向量 $\boldsymbol{y}$ 可以通过矩阵第 i 行与输入向量的点积来计算，例如

$$y_i = \begin{bmatrix} a_{i1} & a_{i2} & a_{i3} & \dots & a_{iN} \end{bmatrix} \cdot \begin{bmatrix} x_1 \\ x_2 \\ \vdots \\ x_N \end{bmatrix} \tag{1.8}$$

等价于

$$y_i = a_{i1}x_1 + a_{i2}x_2 + \cdots + a_{iN}x_N \tag{1.9}$$

矩阵–向量乘法的时间复杂度为 $O(M \times N)$。

2. 矩阵–矩阵乘法

扩展矩阵–向量乘法，我们还可以将两个矩阵相乘。例如，矩阵 $\boldsymbol{A}$ 和 $\boldsymbol{B}$ 的乘法可以写成

$$\boldsymbol{C} = \boldsymbol{AB} \tag{1.10}$$

$$\begin{bmatrix} c_{11} & c_{12} & \dots & c_{1L} \\ c_{21} & c_{22} & \dots & c_{2L} \\ \vdots & \vdots & \ddots & \vdots \\ c_{M1} & c_{M2} & \dots & c_{ML} \end{bmatrix} = \begin{bmatrix} a_{11} & a_{12} & \dots & a_{1N} \\ a_{21} & a_{22} & \dots & a_{2N} \\ \vdots & \vdots & \ddots & \vdots \\ a_{M1} & a_{M2} & \dots & a_{MN} \end{bmatrix} \begin{bmatrix} b_{11} & b_{12} & \dots & b_{1L} \\ b_{21} & b_{22} & \dots & b_{2L} \\ \vdots & \vdots & \ddots & \vdots \\ b_{N1} & b_{N2} & \dots & b_{NL} \end{bmatrix} \tag{1.11}$$

然后，通过对矩阵 $\boldsymbol{A}$ 的第 i 行和矩阵 $\boldsymbol{B}$ 的第 j 列取点积来计算矩阵 $\boldsymbol{C}$ 中的每个元素，例如

$$c_{ij} = \begin{bmatrix} a_{i1} & a_{i2} & \dots & a_{iN} \end{bmatrix} \cdot \begin{bmatrix} b_{1j} \\ b_{2j} \\ \vdots \\ b_{Nj} \end{bmatrix} \tag{1.12}$$

等价于

$$c_{ij} = a_{i1}b_{1j} + a_{i2}b_{2j} + \cdots + a_{iN}b_{Nj} \tag{1.13}$$

图 1.14 更直观地显示了如何对每一行和每一列都进行点积。请注意，矩阵 $\boldsymbol{A}$ 的

列数应等于矩阵B的行数。另外，如果A和B的维度分别为$M \times N$和$N \times L$，则输出矩阵C的维度将为$M \times L$。矩阵-矩阵乘法的时间复杂度为$O(L \times M \times N)$。

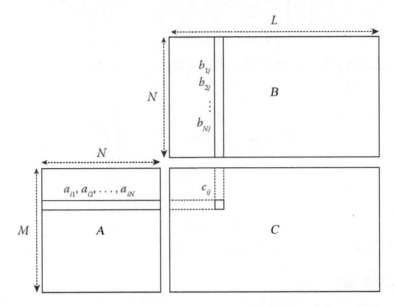

图1.14 矩阵–矩阵乘法的可视化，$C = AB$，A中的一行和B中的一列构成c_{ij}

3. 矩阵求逆

最后，介绍如何进行矩阵求逆。如果有一个矩阵A，则它的逆矩阵可以写成A^{-1}，满足

$$A^{-1}A = AA^{-1} = I \tag{1.14}$$

这里，I是一个单位矩阵，其对角线元素全为1，其他全为0，如

$$\begin{bmatrix} 1 & 0 & 0 & \dots & 0 \\ 0 & 1 & 0 & \dots & 0 \\ 0 & 0 & 1 & \dots & 0 \\ \vdots & \vdots & \vdots & \ddots & \vdots \\ 0 & 0 & 0 & \dots & 1 \end{bmatrix} \tag{1.15}$$

请注意，输入矩阵A应该是一个方阵，这意味着行数和列数应该相同。

计算逆矩阵最直接的方法是高斯–约当（Gauss - Jordan）消元法。它先从原始矩阵A开始，并与具有相同维度的单位矩阵连接。例如，如果有一个3×3矩阵

$$\begin{bmatrix} 2 & -1 & 0 \\ -1 & 2 & -1 \\ 0 & -1 & 2 \end{bmatrix} \tag{1.16}$$

可以在右边连接 3×3 矩阵，则得到

$$\begin{bmatrix} 2 & -1 & 0 & 1 & 0 & 0 \\ -1 & 2 & -1 & 0 & 1 & 0 \\ 0 & -1 & 2 & 0 & 0 & 1 \end{bmatrix} \tag{1.17}$$

高斯-约当消元法对该矩阵的每一行都进行迭代，并尝试通过添加其他行的线性组合来使左边的 3×3 部分成为单位矩阵。看看下面的步骤：

$$\begin{bmatrix} 2 & -1 & 0 & 1 & 0 & 0 \\ -1 & 2 & -1 & 0 & 1 & 0 \\ 0 & -1 & 2 & 0 & 0 & 1 \end{bmatrix} \rightarrow \begin{bmatrix} 1 & -1/2 & 0 & 1/2 & 0 & 0 \\ 0 & 3/2 & -1 & 1/2 & 1 & 0 \\ 0 & -1 & 2 & 0 & 0 & 1 \end{bmatrix} \tag{1.18}$$

我们注意到，第一行缩放了 1/2。然后，将第一行添加到第二行，以将第一列抵消为零。类似的过程继续到第三行：

$$\begin{bmatrix} 1 & -1/2 & 0 & 1/2 & 0 & 0 \\ 0 & 3/2 & -1 & 1/2 & 1 & 0 \\ 0 & -1 & 2 & 0 & 0 & 1 \end{bmatrix} \rightarrow \begin{bmatrix} 1 & 0 & 1 & 1 & 1 & 1 \\ 0 & 1 & -2/3 & 1/3 & 2/3 & 0 \\ 0 & 0 & 1 & 1/4 & 1/2 & 3/4 \end{bmatrix} \tag{1.19}$$

现在，使用第三行，我们向上传播以使其他行的第三列为零：

$$\begin{bmatrix} 1 & 0 & 1 & 1 & 1 & 1 \\ 0 & 1 & -2/3 & 1/3 & 2/3 & 0 \\ 0 & 0 & 1 & 1/4 & 1/2 & 3/4 \end{bmatrix} \rightarrow \begin{bmatrix} 1 & 0 & 0 & 3/4 & 1/2 & 1/4 \\ 0 & 1 & 0 & 1/2 & 1 & 1/2 \\ 0 & 0 & 1 & 1/4 & 1/2 & 3/4 \end{bmatrix} \tag{1.20}$$

完成这一步后，矩阵右边的 3×3 部分就变成了逆矩阵。对于 $N\times N$ 矩阵，高斯-约当消元法的时间复杂度为 $O(N^3)$。

1.3.3.2 稀疏矩阵

矩阵在流体模拟中的常见用例，例如处理耗散或压力问题，需要非常多的维度，很容易超过一百万。即使对于简单的矩阵向量计算，这也可能存在问题，因为在方阵的情况下，运算的时间复杂度为 $O(N^2)$。此外，矩阵的空间复杂度为 $O(N^2)$，这使存储变得非常昂贵。然而，来自流体模拟的矩阵通常大部分被零占据。例如，计算耗散方程（见 3.4.4 节）的矩阵每行最多有七个非零列。这样的矩阵被称为"稀疏"矩阵，而传统矩阵被称为"稠密"矩阵。为了同时提高时间和空间复杂度，可以考虑只存储非零元素，如果可能的话，矩阵向量乘法的时间复杂度和空间复

杂度都会降低到 $O(N)$。

　　有效表示稀疏矩阵的数据结构的一种方法是每行都存储非零元素及其列索引。然后将每一行都存储为一个数组，如图 1.15 所示。这种方法被称为压缩稀疏行（CSR）矩阵。如果以列为单位进行压缩，则被称为压缩稀疏列（CSC）矩阵。要了解其他压缩格式，请参阅 Saad 关于稀疏矩阵的技术论文[99]。在本书中，基于网格的流体模拟器使用稀疏矩阵来求解线性系统，对于此类用例，我们可以进一步优化压缩格式。详情请参阅附录 C.1。

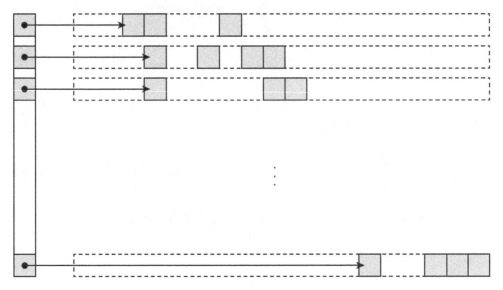

图 1.15　压缩稀疏行矩阵，每行都存储非零元素（灰色框）和指针数值

1.3.4　线性方程组

　　在计算数值问题时，我们经常会遇到线性方程组。例如，基于网格的模拟器的耗散或压力方程通常通过求解线性系统来计算。我们将在第 3 章对其进行详细介绍，但这些问题需要计算具有许多约束的数值解，包含更多有关流体系统的信息。

　　当有一组线性方程时，可以使用矩阵来表示该集合或系统。例如，考虑线性方程

$$2x - y = 3$$

$$-x + 2y = 6$$

可以通过第一行乘以 2 来求解上面的等式，将其添加到第二行以消除 y 项，然后将其除以 3 得到 $x=4$ 和 $y=5$。这也可以从几何上解释；找到 x - y 平面中两条直线的交点。或者将方程式转换为矩阵和向量的形式

$$\begin{bmatrix} 2 & -1 \\ -1 & 2 \end{bmatrix} \begin{bmatrix} x \\ y \end{bmatrix} = \begin{bmatrix} 3 \\ 6 \end{bmatrix} \tag{1.21}$$

然后，通过在等式两边乘以逆矩阵来计算解，使得

$$\begin{bmatrix} x \\ y \end{bmatrix} = \begin{bmatrix} 2 & -1 \\ -1 & 2 \end{bmatrix}^{-1} \begin{bmatrix} 3 \\ 6 \end{bmatrix} = \frac{1}{3} \begin{bmatrix} 2 & 1 \\ 1 & 2 \end{bmatrix} \begin{bmatrix} 3 \\ 6 \end{bmatrix} = \begin{bmatrix} 4 \\ 5 \end{bmatrix} \tag{1.22}$$

如果将该过程推广到 N 维系统，可以将线性方程表示为

$$\boldsymbol{Ax} = \boldsymbol{b} \tag{1.23}$$

其中，$\boldsymbol{A}$ 是系统矩阵，$\boldsymbol{x}$ 是未知解，$\boldsymbol{b}$ 是线性方程常数项的向量。

1.3.4.1　直接法

上面使用逆矩阵计算解的示例是求解线性系统的一种方法。这里的关键是如何计算逆矩阵，从上一节知道，我们可以使用高斯–约当消元法。这种无须近似直接计算解的方法被称为直接法[①]。对于小型系统，直接法可能很有用。但是对于许多数值问题的较大系统，由于时间复杂度高，直接法通常是不切实际的。例如，高斯–约当消元法的复杂度为 $O(N^3)$，其中，N 是线性系统的维数。

1.3.4.2　间接法

相对于直接法计算数值解，而获得数值解的另一种方法是进行初始猜测并多次迭代以近似计算答案。如果确定达到预定义的阈值表明近似解足够好，则可以终止迭代并使用最后已知的答案。这种方法叫作间接法。

1.　雅可比方法

想象一下系统矩阵 $\boldsymbol{A}$ 是对角矩阵的情况。这意味着只有对角线元素 a_{ii} 是非零的，其他非对角线元素都为零。在这种情况下，获取 $\boldsymbol{A}$ 的逆矩阵非常简单；$\boldsymbol{A^{-1}}$ 的第 i 个对角元素就是 $1/a_{ii}$。如果 $\boldsymbol{A}$ 不是对角矩阵，但对角分量仍然占主导地位，我

---

① 请注意，由于计算机处理浮点数的方式，仍可能存在舍入误差[25,117]。

们可以认为 A^{-1} 与 D^{-1} 相似，其中，D 是矩阵 A 的对角部分。于是，我们重写式（1.23）：

$$(D + R)x = b \tag{1.24}$$

其中，$R = A - D$。式（1.24）可以进一步演变为

$$Dx = b - Rx \tag{1.25}$$

最后，得到

$$x = D^{-1}(b - Rx) \tag{1.26}$$

如果上式的 x 是正确的数值解，则方程成立。但是，如果左侧和右侧的 x 不同，则把新的 x 放在右侧将使左侧的 x 不同。我们可以通过将结果 x 再次从左侧传递到右侧来继续迭代这个过程，直到两个 x 达到相同的值：

$$x^{k+1} = D^{-1}(b - Rx^k) \tag{1.27}$$

或者，按元素写出相同的方程式

$$x_i^{k+1} = \frac{1}{a_{ii}}\left(b_i - \sum_{j \neq i} a_{ij}\, x_j^k\right) \tag{1.28}$$

其中，k 是迭代次数。这个过程叫作雅可比（Jacobi）迭代，方法叫作雅可比方法。由上式可知，若系统矩阵为纯对角矩阵，则 R 应为零。因此，我们只用一次迭代就得到了正确的数值解。如果对角矩阵 D 不太占优势，则更多非零值将从 Rx 涌入，需要更多迭代才能收敛。一般来说，雅可比方法的时间复杂度为 $O(N^2)$[100]。

2. 高斯–赛德尔方法

为了加速雅可比方法的收敛，我们尝试将比对角线更多的信息传递到方程的右侧。与雅可比方法类似，我们可以将式（1.23）重写为

$$(L + U)x = b \tag{1.29}$$

其中，L 是矩阵的下三角部分，包括对角线，U 是严格的上三角部分。例如

$$\begin{bmatrix} 1 & 2 & 3 \\ 4 & 5 & 6 \\ 7 & 8 & 9 \end{bmatrix} = \begin{bmatrix} 1 & 0 & 0 \\ 4 & 5 & 0 \\ 7 & 8 & 9 \end{bmatrix} + \begin{bmatrix} 0 & 2 & 3 \\ 0 & 0 & 6 \\ 0 & 0 & 0 \end{bmatrix} \tag{1.30}$$

这里，右边的第一个矩阵是 L，最后一个是 U。我们可以将迭代方程写为

$$Lx = b - Ux \tag{1.31}$$

现在，与对角矩阵不同，三角阵 L 的求逆不是一项简单的任务，需要使用直接方法。但是，如果仔细研究方程式，则会注意到 x 的第一个元素 x_1 可以很容易地计算为

$$x_1^{k+1} = \frac{1}{a_{11}} \left(b_1 - \sum_{j>1} a_{1j} x_j^k \right) \tag{1.32}$$

由于现在有 x_1^{k+1}，因此可以将此解赋予方程式的第二行：

$$x_2^{k+1} = \frac{1}{a_{22}} \left(b_2 - a_{21} x_1^{k+1} - \sum_{j>1} a_{1j} x_j^k \right) \tag{1.33}$$

为了推广这个过程，可以写出以下迭代方程

$$x_i^{k+1} = \frac{1}{a_{ii}} \left(b_i - \sum_{j<i} a_{ij} x_j^{k+1} - \sum_{j>i} a_{ij} x_j^k \right) \tag{1.34}$$

因此，无须反转矩阵 L，就可以执行迭代，这被称为高斯–赛德尔（Gauss–Seidel）方法。请注意，上面等式中的 $\sum_{j<i} a_{ij} x_j^{k+1}$ 项是高斯–赛德尔方法和雅可比方法之间的唯一区别。此项是前一行解的贡献，它使迭代成为最新的，因此收敛速度比雅可比迭代更快。但同时，与雅可比方法相同，该方法仍然具有 $O(N^2)$ 的时间复杂度。

3. 梯度下降法

求解线性系统的另一种方法是求解最小化问题。从式（1.23）可知：

$$F(x) = |Ax - b|^2 \tag{1.35}$$

如果输入 x 是解，则此函数将返回零。如果不是，则可以迭代找到使 $F(x) = 0$ 的 x。例如，想象一个二维系统，其中 $F(x)$ 可以如图 1.16 所示绘制出来。从 x_1 开始的点在每一步都遵循最陡（或梯度）方向，该方向垂直于等值线。经过足够的迭代

后，解将收敛，使函数F最小化。这个过程被称为梯度下降法。然而，在求解流体模拟中的线性系统时，梯度下降法由于收敛速度慢而很少使用。例如，如果图 1.16 中椭圆体的一个半轴比另一个长得多，则需要多次迭代才能达到最终解。然而，该方法为最常用的方法之一（即共轭梯度下降法）奠定了基础。

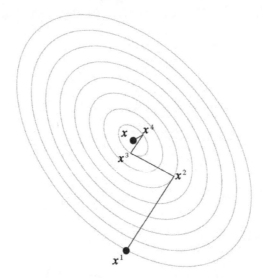

图 1.16　梯度下降过程的图示，灰线表示函数F的等值线

4. 共轭梯度法

在实践中，经常使用被称为共轭梯度（Conjugate Gradient，CG）的扩展方法。该方法不是在每次迭代中都采用最陡峭的方向，而是遵循"共轭"方向。当两个向量a和b满足以下条件时：

$$a \cdot (Ab) = 0 \tag{1.36}$$

我们说这两个向量是共轭的。请注意，在确定共轭时，涉及系统矩阵A。因此，在求方向向量时，就反映了系统的特性。对于一个N维系统，这些共轭向量的最大数量是N。因此，共轭梯度法最多需要迭代N次才能完全收敛到该解。图 1.17 说明了共轭梯度法的过程。与梯度下降法不同，本方法只需两次迭代即可找到相同的数值解。有关共轭梯度法的更深入的讲解和实现细节，请参阅 Shewchuk[107]的讲义。在我们的代码库中，可以从 *jet/include/cg.h* 和 *jet/include/detail/cg-inl.h* 中找到实现代码。

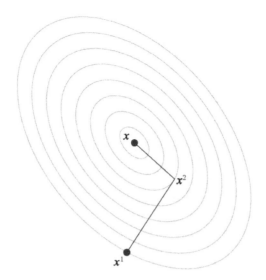

图 1.17 共轭梯度法的过程，灰线表示函数F的等值线

为了进一步加速计算，有一种方法被称为"预条件"共轭梯度法。同样，算法的细节在 Shewchuk[107]中有详细的解释，但其想法是将预条件过滤器应用于方程组，例如

$$M^{-1}Ax = M^{-1}b \qquad (1.37)$$

其中，M是易于计算逆矩阵但仍然类似于A的预条件矩阵。具有这样的M将使$M^{-1}A$项接近单位矩阵，并使收敛速度比普通共轭梯度法更快。具体实现见附录 A.1 或 jet/include/detail/cg-inl.h。

1.3.5　场

到目前为止，我们一直在处理一个或两个向量。在本节中，我们将把注意力扩展到整个空间，其中空间中的每个点都定义了标量或向量值。这样的映射，从一个点到一个值，被称为一个场。如果将一个点映射到一个标量值，例如温度或压力，那就是一个标量场。如果将一个点映射到一个向量，那么它就变成了一个向量场。我们通常从天气预报中看到的热图是一个标量场，风流或洋流是向量场。在本书中，场将主要用来描述流体的物理量。但它可以用来描述任何其他一般量，即使它们没有物理意义，例如颜色。

为了使这个想法更有意义，我们写一些代码。这是标量场和向量场的最小接口：

```
1 class Field3 {
2   public:
3       Field3();
4
5       virtual ~Field3();
6 };
7
8 class ScalarField3 : public Field3 {
9   public:
10      ScalarField3();
11
12      virtual ~ScalarField3();
13
14      virtual double sample(const Vector3D& x) const = 0;
15 };
16
17 class VectorField3 : public Field3 {
18   public:
19      VectorField3();
20
21      virtual ~VectorField3();
22
23      virtual Vector3D sample(const Vector3D& x) const = 0;
24 };
```

可以看到，我们用基类 **Field3** 来表示三维场。它不存储任何数据，也不执行任何运算，它只是层次结构的根。它被 **ScalarField3** 和 **VectorField3** 继承，定义了具体的标量场和向量场接口。目前我们在两个抽象基类中都有一个虚拟函数示例，这个函数表示将三维空间中的点映射到标量场或向量场。

现在可以扩展这些基类来实现实际的场。例如，定义一个标量函数

$$f(\boldsymbol{x}) = f(x, y, z) = \sin x \sin y \sin z \tag{1.38}$$

其中，向量 $\boldsymbol{x}$ 是 (x, y, z)，$f(\boldsymbol{x})$ 是将 $\boldsymbol{x}$ 映射到标量值的标量函数。图 1.18 显示了这个函数的图像。现在可以通过重载之前定义的纯虚函数来实现这个场：

```
1 class MyCustomScalarField3 final : public ScalarField3 {
2   public:
3       double sample(const Vector3D& x) const override {
4           return std::sin(x.x) * std::sin(x.y) * std::sin(x.z);
5       }
```

```
6 };
```

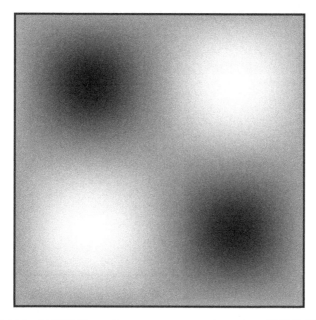

图 1.18　标量场 $f(x, y, z) = \sin x \sin y \sin z$ 在 $z = \pi/2$ 处的横截面

同样，也可以定义简单向量场，其中：

$$\boldsymbol{F}(\boldsymbol{x}) = \boldsymbol{F}(x, y, z) = (F_x, F_y, F_z) = (\sin x \sin y, \sin y \sin z, \sin z \sin x) \tag{1.39}$$

在式（1.39）中，向量场 $\boldsymbol{F}$ 用粗体表示，因为它将一个向量映射到另一个向量。它还以扩展向量形式 (F_x, F_y, F_z) 编写，其中每个元素分别对应 $\boldsymbol{F}(\boldsymbol{x})_x$、$\boldsymbol{F}(\boldsymbol{x})_y$ 和 $\boldsymbol{F}(\boldsymbol{x})_z$。图 1.19 显示了这个场的样子，等效代码如下：

```cpp
1 class MyCustomVectorField3 final : public VectorField3 {
2   public:
3     Vector3D sample(const Vector3D& x) const override {
4         return Vector3D(std::sin(x.x) * std::sin(x.y),
5             std::sin(x.y) * std::sin(x.z),
6             std::sin(x.z) * std::sin(x.x));
7     }
8 };
```

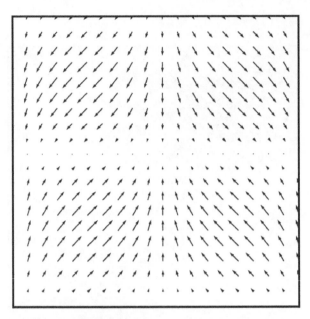

图 1.19　向量场 $F(x, y, z) = (\sin x \sin y, \sin y \sin z, \sin z \sin x)$ 在 $z = \pi/2$ 处的横截面

到目前为止，这都非常简单。我们定义了标量场和向量场，它们将一个给定点映射到一个标量值或一个向量值。从现在开始，我们将看看从这些场中可以进行什么样的计算或测量。此运算会将一个场转换为另一个场，以衡量给定场的不同特征。最常用的算子是梯度、拉普拉斯算子、散度和旋度。前两个算子主要应用于标量场，而后两个算子只适用于向量场。我们来看看这些算子的含义，以及如何实现它们。

1.3.5.1　偏导数

在开始之前，我们先来看偏导数，它是定义和理解本节中将要介绍的所有算子的最重要的构建块。一些读者可能对偏导数比较熟悉，但也有一些读者不熟悉。所以我们将简单地解释基本概念，如果读者有兴趣了解更多，请参阅向量微积分教科书[82,101]以获得详细介绍。

偏导数是在给定位置计算给定场的切线的方法。之所以称其为"偏"导数，是因为这是针对给定的多维场沿特定方向求导数。假设有一个标量场 $f(x)$。要计算 $x = (x, y, z)$ 处的 x 轴的斜率，可以从下式开始：

$$\frac{f(x + \Delta x, y, z) - f(x, y, z)}{\Delta} \tag{1.40}$$

其中，Δ 是 x 方向上的一个相当小的间隔。该等式只是简单地使用左右点的场值，并将差值除以它们之间的间距。如果 Δ 变得很小，则近似切线收敛于真切线，我们称它为 x 点在 x 方向上的偏导数。这个偏导数表示为

$$\frac{\partial f}{\partial x}(\boldsymbol{x}) \tag{1.41}$$

因此，该过程就像将给定的标量场平行于 x 轴切片并计算横截面的切线，如图 1.20 所示。类似地，我们可以将 y 方向和 z 方向的导数写为

$$\frac{\partial f}{\partial y}(\boldsymbol{x})$$

及

$$\frac{\partial f}{\partial z}(\boldsymbol{x})$$

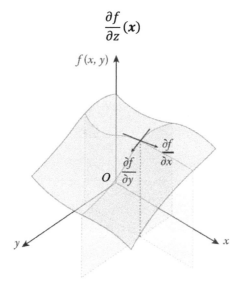

图 1.20　对于二维场，$f(x, y)$ 显示了 x 轴和 y 轴的偏导数，每个偏导数都是横截面的斜率

现在假设有一个标量场，$f(x, y, z) = xy + yz$。求对于某个坐标轴的偏导数，可以简单地将其他变量视为普通导数中的常数。因此，在这种情况下，$\frac{\partial f}{\partial x}(\boldsymbol{x})$ 将是

$$\frac{\partial f}{\partial x}(\boldsymbol{x}) = y \tag{1.42}$$

因为 $(xy)' = y$ 和 $(yz)' = 0$，所以对于 y 和 z，可以通过相同的方式得到

$$\frac{\partial f}{\partial y}(\boldsymbol{x}) = x + z$$

及

$$\frac{\partial f}{\partial z}(\boldsymbol{x}) = y$$

同理，来自 `MyCustomScalarField` 的场的偏导数 $f(x, y, z) = \sin x \sin y \sin z$ 可以写为

$$\frac{\partial f}{\partial x}(\boldsymbol{x}) = \cos x \sin y \sin z$$

$$\frac{\partial f}{\partial y}(\boldsymbol{x}) = \sin x \cos y \sin z$$

及

$$\frac{\partial f}{\partial z}(\boldsymbol{x}) = \sin x \sin y \cos z$$

现在把这些偏导数作为关键基础，让我们看看如何从梯度开始定义其他算子。

1.3.5.2　梯度

梯度（Gradient）用来计算标量场的变化率和方向，如图 1.21 所示。在图中，请注意箭头指向"较高"区域并且垂直于等值线。这些都是样本位置上最陡的坡度方向。

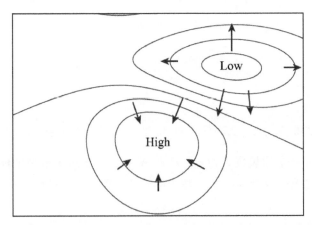

图 1.21　绘制等值线表示高度，梯度向量由箭头表示，高度场来自 Matplotlib 示例[54]

梯度用∇表示，我们可以将梯度定义为

$$\nabla f(\boldsymbol{x}) = \left(\frac{\partial f}{\partial x}(\boldsymbol{x}), \frac{\partial f}{\partial y}(\boldsymbol{x}), \frac{\partial f}{\partial z}(\boldsymbol{x}) \right) \tag{1.43}$$

其中，$\partial/\partial x$、$\partial/\partial y$ 和 $\partial/\partial z$ 是之前从式（1.41）中得到的偏导数。根据定义，梯度是所有方向上的偏导数的集合。

如果将式（1.43）应用于之前的示例标量场，它就变成了

$$\nabla f(\boldsymbol{x}) = (\cos x \sin y \sin z, \sin x \cos y \sin z, \sin x \sin y \cos z) \tag{1.44}$$

要将此特性添加到现有的类中，首先要按以下方式更新 `ScalarField3`：

```
1 class ScalarField3 : public Field3 {
2   public:
3     ...
4     virtual Vector3D gradient(const Vector3D& x) const = 0;
5 };
```

还可以将示例类 `MyCustomScalarField3` 更新为：

```
1 class MyCustomScalarField3 : public ScalarField3 {
2   public:
3     ...
4     Vector3D gradient(const Vector3D& x) const {
5         return Vector3D(std::cos(x.x) * std::sin(x.y) * std::sin(x.z),
6             std::sin(x.x) * std::cos(x.y) * std::sin(x.z),
7             std::sin(x.x) * std::sin(x.y) * std::cos(x.z));
8     }
9 };
```

图 1.22 显示了代码的结果。可以注意到，箭头指向图 1.18 中的明亮区域，这是梯度定义所期望的。

梯度经常与能量场一起使用。例如，如果我们把一个球放在不平坦的地面上，它就会从高处滚到低处。作用在那个球上的力试图最小化重力的势能，或者换句话说，试图在附近找到尽可能低的水平面。因此，该力与地面高程的梯度成正比。另一个例子是我们经常从天气预报中看到的压力。我们知道风从高压区吹向低压区。这也与压力场的梯度有关。我们将在 1.7.2 节中重新讨论这个主题，我们将在其中讨论流体动力学。

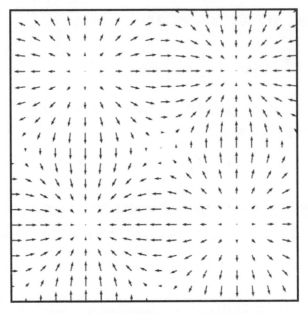

图 1.22　示例梯度场在$z = \pi/2$处的横截面

1.3.5.3　散度

　　我们把注意力转移到向量场上。向量场的重要算子之一是散度（Divergence）。对于向量场中的给定点，散度使用标量值计算流入或流出的流量。想象一个非常小的立方体，并假设在立方体的每个面上都计算来自给定向量场的向量。如果向量的大小之和大于零，则意味着立方体内部产生了一些流；因此，它是一个"源"。如果总和小于零，则说明有东西在吸流量，这意味着它是"汇"。总和的大小给出了流量的总和。图 1.23 更直观地解释了这个想法。

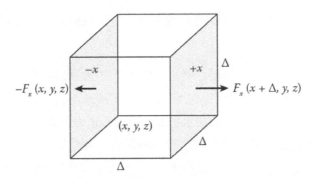

图 1.23　大小为$\Delta \times \Delta \times \Delta$的立方体，两个箭头分别表示$+x$和$-x$面的向量场

　　为了计算散度，我们从图 1.23 中的立方体开始。立方体的边长大小是Δ。因此，

每一面的面积都是 Δ^2。现在通过 $+x$ 面进出的总流量将是

$$\Delta^2 F_x(x + \Delta, y, z) \tag{1.45}$$

其中，$\boldsymbol{F} = (F_x, F_y, F_z)$ 是输入向量场。因此，$F_x(x + \Delta, y, z)$ 是 $+x$ 面上的 x 方向的向量场。同样，可以对 $-x$ 面做同样的事情，总流量将是

$$-\Delta^2 F_x(x, y, z) \tag{1.46}$$

请注意，这里设置负号是因为 $+$ 在这种情况下表示向内的方向。现在我们对每个立方体面都进行累加，将有

$$\text{sum} = \Delta^2 \Big(F_x(x + \Delta, y, z) - F_x(x, y, z) + F_y(x, y + \Delta, z) - F_y(x, y, z) + F_z(x, y, z + \Delta) \\ - F_z(x, y, z) \Big)$$

上面的等式计算了立方体的散度。实际上，它计算的是立方体整个体积的散度之和。所以将它除以立方体的体积，即 Δ^3，可得到

$$\frac{\text{sum}}{\text{volume}} = \frac{F_x(x + \Delta, y, z) - F_x(x, y, z)}{\Delta} + \frac{F_y(x, y + \Delta, z) - F_y(x, y, z)}{\Delta} \\ + \frac{F_z(x, y, z + \Delta) - F_z(x, y, z)}{\Delta}$$

注意到这里的一些模式了吗？是的，这就像 x、y 和 z 的近似偏导数 [式（1.40）] 之和。因此，如果 Δ 变得非常小，则有散度

$$\boldsymbol{\nabla} \cdot \boldsymbol{F}(\boldsymbol{x}) = \frac{\partial F_x}{\partial x} + \frac{\partial F_y}{\partial y} + \frac{\partial F_z}{\partial z} \tag{1.47}$$

这里，散度用 $\boldsymbol{\nabla} \cdot$ 表示。这个等式就像在给定点用算子和向量进行点积：

$$\boldsymbol{\nabla} \cdot \boldsymbol{F}(\boldsymbol{x}) = \left(\frac{\partial}{\partial x}, \frac{\partial}{\partial y}, \frac{\partial}{\partial z} \right) \cdot \boldsymbol{F}(\boldsymbol{x}) \tag{1.48}$$

如果将散度应用到样本向量场 $\boldsymbol{F}(x, y, z) = (\sin x \sin y, \sin y \sin z, \sin z \sin x)$，它就变成了 $\cos x \sin y + \cos y \sin z + \cos z \sin x$。

要将此特性添加到 `VectorField3`，则应向该类添加一个虚函数：

```
1 class VectorField : public Field3 {
2   public:
3     ...
```

```
4      virtual double divergence(const Vector3D& x) const = 0;
5 };
```

示例类 MyCustomVectorField3 的函数的实际实现可以写成：

```
1 class MyCustomVectorField3 : public VectorField3 {
2   public:
3     ...
4     double divergence(const Vector3D& x) const {
5         return std::cos(x.x) * std::sin(x.y)
6             + std::cos(x.y) * std::sin(x.z)
7             + std::cos(x.z) * std::sin(x.x);
8     }
9 };
```

图 1.24 显示了代码的结果。原始向量场（$\sin x \sin y,\ \sin y \sin z,\ \sin z \sin x$）指向内部的点，散度显示出那些指向内部的点是汇点，同理，图上也能看出指向外部的点。

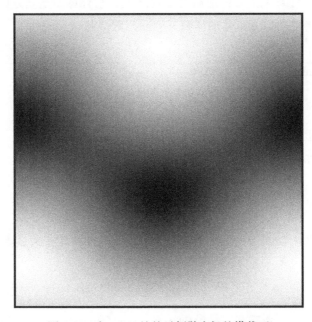

图 1.24　在 $z=\pi/2$ 处的示例散度场的横截面

1.3.5.4　旋度

如果散度计算汇和源，则旋度（Curl）计算一个向量场在给定点处的旋转流。如图 1.25 所示，想象 xy 平面上的一个小正方形。为了计算围绕该正方形的旋转，首先计算 $+y$ 和 $-y$ 面之间的 x 方向向量的差分，然后对 y 方向向量的 $+x$ 和 $-x$ 面进

行相同的差分，最后将这些差分沿逆时针方向求和。我们可以将其写成一个近似方程

$$\left(\frac{F_y(x + \Delta, y, z) - F_y(x, y, z)}{\Delta} - \frac{F_x(x, y + \Delta, z) - F_x(x, y, z)}{\Delta}\right)\boldsymbol{k} \tag{1.49}$$

同样，Δ 是我们从近似偏导数式（1.40）中得到的正方形的宽度。如果将其扩展到非近似版本[①]，它变成

$$\text{rotation}_z = \left(\frac{\partial F_y}{\partial x} - \frac{\partial F_x}{\partial y}\right)\boldsymbol{k} \tag{1.50}$$

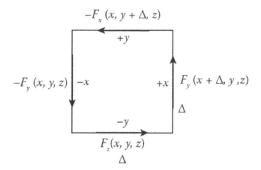

图 1.25　大小为 $\Delta \times \Delta$ 的正方形用沿边界的速度场表示

该等式计算 z 轴上的旋转。如果我们进一步将此计算扩展到 x 轴和 y 轴，则旋度可以定义为

$$\nabla \times \boldsymbol{F}(\boldsymbol{x}) = \left(\frac{\partial F_z}{\partial y} - \frac{\partial F_y}{\partial z}\right)\boldsymbol{i} + \left(\frac{\partial F_x}{\partial z} - \frac{\partial F_z}{\partial x}\right)\boldsymbol{j} + \left(\frac{\partial F_y}{\partial x} - \frac{\partial F_x}{\partial y}\right)\boldsymbol{k} \tag{1.51}$$

与散度类似，$\nabla \times$ 可以解释为对偏导数和场进行叉积。

$$\nabla \times \boldsymbol{F}(\boldsymbol{x}) = \left(\frac{\partial}{\partial x}, \frac{\partial}{\partial y}, \frac{\partial}{\partial z}\right) \times \boldsymbol{F}(\boldsymbol{x}) \tag{1.52}$$

旋度的结果是一个向量。向量的方向和大小分别对应旋转轴和旋转量。因此，如果我们找到一个长的 $+x$ 方向向量作为输出，则意味着给定位置周围的向量场围绕 $+x$ 轴有很多旋转。例如，可以想象一个简单的向量场：

---

① 这不是解释旋度的非常正式的方式，而是试图以更友好的方式引入旋度的概念。有关旋度和其他算子的更详细、更正式的解释，请参见 Matthews[82]。

$$F(x, y, z) = (-y, x, 0) \tag{1.53}$$

如图 1.26 所示，该场绕 z 轴逆时针旋转。该场的旋度将为

$$F(x, y, z) = (0, 0, 2) \tag{1.54}$$

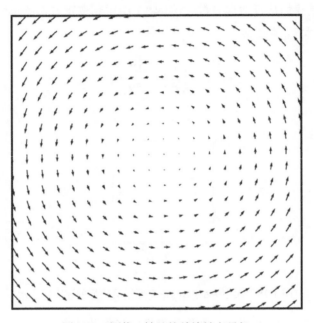

图 1.26　围绕 z 轴的简单旋转向量场

该场的强度平行于 z 轴。如果将旋度应用于样本向量场函数 $F(x, y, z) = (\sin x \sin y, \sin y \sin z, \sin z \sin x)$，则它变成 $(-\sin y \cos z, -\sin z \cos x, -\sin x \cos y)$。为了实现这一点，我们还向 VectorField3 添加了一个新的虚函数，并从子类中实现它。例如，示例向量场类 MyCustomVectorField3 可以实现为：

```
1 class MyCustomVectorField3 : public VectorField3 {
2   public:
3     ...
4     Vector3D curl(const Vector3D& x) const {
5       return Vector3D(-std::sin(x.y) * std::cos(x.z),
6           -std::sin(x.z) * std::cos(x.x),
7           -std::sin(x.x) * std::cos(x.y));
8     }
9 };
```

这段代码的结果如图 1.27 所示。

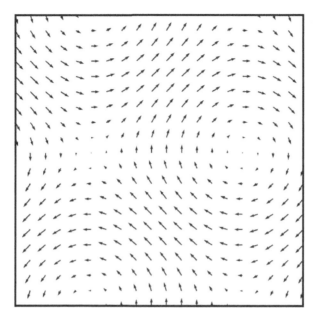

图 1.27 在 $z=\pi/4$ 处的示例旋度场的横截面

1.3.5.5 拉普拉斯算子

最后，我们认识一下拉普拉斯算子（Laplacian）。拉普拉斯算子计算给定位置的标量场值与附近的平均场值的差异程度。换句话说，此算子计算标量场上的"颠簸"。来看图 1.28 中的示例标量场，它显示了类似地形的二维高度场。拉普拉斯算子的结果显示山的尖端，山谷的中心线用白色和黑色拉普拉斯值突出显示。没有任何曲率的平面或斜坡其拉普拉斯值（图中的灰色区域）为零。

为了更深入地理解拉普拉斯算子，让我们从梯度开始介绍。还是看前面的例子，图 1.28（b）显示了梯度场，可以注意到，向量在非平坦特征存在的区域要么收敛，要么扩展。现在，我们已经知道衡量向量场收敛或扩展程度的算子是散度。因此，可以先将梯度应用于原始标量场以获得中间向量场，然后将散度应用于描述输入场颠簸性的最终标量场。这是拉普拉斯算子的定义，可以把它写成以下形式

$$\nabla^2 f(\boldsymbol{x}) = \nabla \cdot \nabla f(\boldsymbol{x}) = \frac{\partial^2 f(\boldsymbol{x})}{\partial x^2} + \frac{\partial^2 f(\boldsymbol{x})}{\partial y^2} + \frac{\partial^2 f(\boldsymbol{x})}{\partial z^2} \tag{1.55}$$

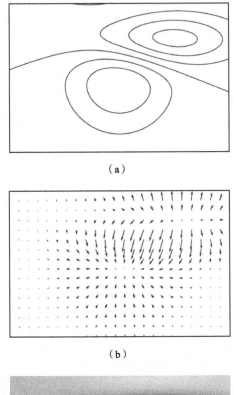

（a）

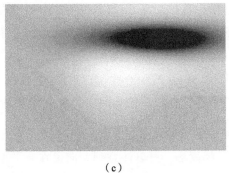

（b）

（c）

图 1.28 图像显示

（a）原始标量场；（b）梯度场；（c）拉普拉斯场

与其他算子类似，可以扩展 **ScalarField3** 类以包含用于计算拉普拉斯算子的接口：

```
1 class ScalarField3 : public Field3 {
2   public:
3       ...
4       virtual double laplacian(const Vector3D& x) const = 0;
5 };
```

示例类可以实现为：

```
1  class MyCustomScalarField3 : public Field3 {
2    public:
3      ...
4      double laplacian(const Vector3D& x) const {
5        return -std::sin(x.x) * std::sin(x.y) * std::sin(x.z)
6          -std::sin(x.x) * std::sin(x.y) * std::sin(x.z)
7          -std::sin(x.x) * std::sin(x.y) * std::sin(x.z);
8      }
9  };
```

由于拉普拉斯算子计算峰值和边界值，该算子的一个流行应用是对给定标量场进行边界检测，因为输出展示边界的位置及它们的陡峭程度。另外，如果将该输出与原始标量场相加或相减，则可以模糊或锐化输入。如果回到之前的地形示例，则山顶的拉普拉斯算子值为负。如果在原始地形场中加入拉普拉斯场，则会降低尖端最尖锐的点，从而使特征点变得暗淡和模糊。当把会锐化原始值的拉普拉斯场去时，则会发生完全相反的事情。图 1.29 显示了示例结果。

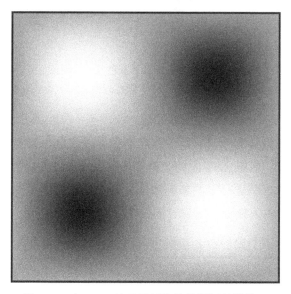

图 1.29　在 $z=\pi/2$ 处的示例拉普拉斯场的横截面

1.3.6　插值

插值是一种由已知数据值计算未知值的近似过程。由于本书的目标是用计算机模拟物理，因此连续无限的现实世界用有限的数据点表示。要使用此类离散样本执行物理计算，通常需要计算非离散样本点的值。

如图 1.30 所示，想象一辆汽车从 A 点驶向 B 点，我们只记录了这两个检查点的位置。要猜测汽车在这两点之间的位置，一种选择就是画一条线并假设汽车在上面，如图 1.30（b）所示。为了更好地猜测，也可以考虑使用基于汽车位置和方向的曲线，如图 1.30（c）所示。

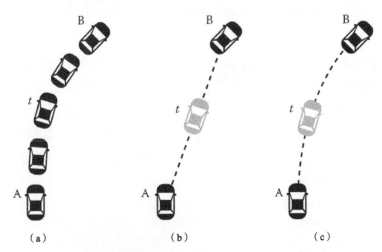

图 1.30　两种不同近似方法显示了灰色汽车在时间 t 的近似位置
（a）汽车的实际轨迹；（b）直线近似；（c）曲线近似

插值的另一个应用是位图的图像缩放。假设有一张小图片，想将其放大一倍。与汽车示例类似，可以通过对较低分辨率图像的像素进行插值来近似获得较高分辨率图像的像素值。如图 1.31 所示，新像素的值是通过查找附近的低分辨率像素并用不同的权重对它们进行平均来确定的。有不同的技术可以用来确定权重，但可以直观地想象，更近的相邻像素对加权平均值的贡献更大。

上面的示例显示了我们在处理离散数据时遇到的常见场景，我们也可以编写应用于其他计算的通用插值代码。当然，还有各种特点不同的算法。在下一节，我们将介绍许多用于其他数据处理程序的最通用和最常用的方法。

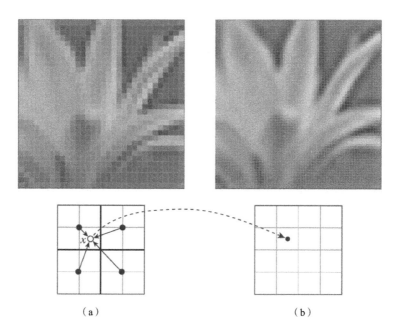

图 1.31　当图像（b）中的新像素在执行调整大小时，
会在其位置 x 附近，在原始图像（a）中获取旧像素值做插值

1.3.6.1　最近点插值

通过获取最近的数据点来近似随机位置的值是执行插值的最简单方法。考虑以下代码：

```
1 template<typename S, typename T>
2 inline S nearest(const S& f0, const S& f1, T t) {
3     return (t < 0.5) ? f0 : f1;
4 }
```

该代码接收三个参数。第一个参数 f0 是 0 处的值，第二个参数 f1 是 1 处的值。最后一个参数 t 是 0 到 1 之间的值。如果这个 t 小于 0.5，也就是更接近第一个参数，则返回 f0；否则，更接近 f1 并返回它。图 1.32 显示了使用示例数据点时函数的图像。请注意，生成的图形是一组不相交的扁平线段。该段在两个数据样本的右中点开始和结束，因为该方法采用最近数据点进行插值。由于这种不连续性，该方法不适用于插值光滑函数，但有利于快速计算。

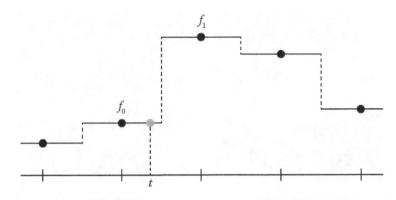

图 1.32　对于给定的数据点（黑点），扁平实线显示使用最近点插值方法的结果

1.3.6.2　线性插值

　　线性插值，通常简称为"lerp"，可能是最流行的方法，因为它简单高效，但对于许多程序，仍能提供合理的结果。如图 1.33 所示，它通过用一条线连接两个数据点来近似它们之间的值。

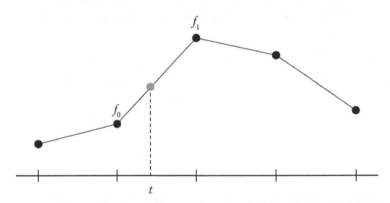

图 1.33　对于给定的数据点（黑点），直线显示使用线性插值方法的结果

　　可以直接编写代码。实际上，它比上面的最近点插值还要简单，因为新代码没有下面的条件语句：

```
1 template<typename S, typename T>
2 inline S lerp(const S& f0, const S& f1, T t) {
3     return (1 - t) * f0 + t * f1;
4 }
```

　　现在，我们来考虑多维情况。如果想在矩形或盒内执行线性逼近，可以通过对每个维度都进行级联的线性插值来完成。如图 1.34 所示，首先从沿 x 轴插值开始，然后对其余轴进行插值。二维线性插值通常又被称为双线性插值，以下为实现代码：

```
1  template<typename S, typename T>
2  inline S bilerp(
3      const S& f00,
4      const S& f10,
5      const S& f01,
6      const S& f11,
7      T tx, T ty) {
8      return lerp(
9          lerp(f00, f10, tx),
10         lerp(f01, f11, tx),
11         ty);
12 }
```

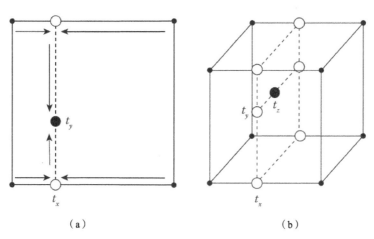

（a）　　　　　　　　　　　　　　　（b）

图 1.34　图像显示（a）点 (t_x, t_y) 处的双线性插值和（b）点 (t_x, t_y, t_z) 处的三线性插值

同样的想法可以扩展到三维，又称为三线性插值，代码如下：

```
1  template<typename S, typename T>
2  inline S trilerp(
3      const S& f000,
4      const S& f100,
5      const S& f010,
6      const S& f110,
7      const S& f001,
8      const S& f101,
9      const S& f011,
10     const S& f111,
11     T tx,
12     T ty,
```

```
13   T tz) {
14   return lerp(
15      bilerp(f000, f100, f010, f110, tx, ty),
16      bilerp(f001, f101, f011, f111, tx, ty),
17      tz);
18 }
```

无论以何种顺序执行插值，都可以轻松验证结果是否相同。上面的代码首先沿着 x 轴，然后 y 轴和 z 轴。但是颠倒顺序并不重要。如果展开级联函数调用，则会注意到，每个角值都乘以插值点对面的面积或体积。图 1.35 更直观地说明了又线性插值在二维空间中的含义。

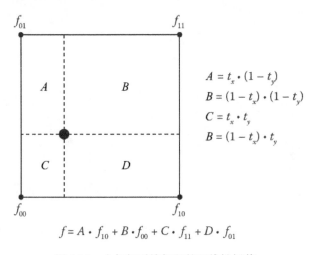

$$f = A \cdot f_{10} + B \cdot f_{00} + C \cdot f_{11} + D \cdot f_{01}$$

图 1.35　由加权平均解释的双线性插值

1.3.6.3　Catmull-Rom样条插值

要执行线性插值，只需要两个数据点。但是，如果有更多数据可以将更多信息提供给插值代码呢？它会产生更好的近似值吗？

Catmull-Rom 样条插值是经典的插值方法之一[27]，它生成样条曲线来插值中间值。假设有 4 个间距均匀的数据点，可以首先从传递这些点的三阶多项式函数开始：

$$f(t) = a_3 t^3 + a_2 t^2 + a_1 t + a_0 \tag{1.56}$$

该函数的输入是参数变量 t，它介于 0 和 1 之间。输出 $f(t)$ 由多项式函数定义。目前虽不知道 a_0、a_1、a_2 和 a_3 是什么，但假设 4 个给定点 f_0、f_1、f_2 和 f_3 对

应 $t = -1, 0, 1, 2$ 处的 $v(t)$。因此，可以知道 a_0 是 f_1。

还可以对 $v(t)$ 求导：

$$v'(t) = d(t) = 3a_3t^2 + 2a_2t + a_1 \tag{1.57}$$

通过 $t = 0$ 和 1 来近似 $d(t)$：

$$d(0) = d_1 = (f_2 - f_0)/2$$

$$d(1) = d_2 = (f_3 - f_1)/2$$

这意味着 d_1 和 d_2 是 0 和 1 处的平均斜率。这也为我们提供了 a_1 的解，即 $d_1 = (f_2 - f_0)/2$。现在剩下的未知数是 a_2 和 a_3。这些值可以通过设置 $t = 1$ 并求解线性方程来计算：

$$f_2 = a_3 + a_2 + a_1 + a_0$$

$$d_2 = 3a_3 + 2a_2 + a_1$$

求解这些方程式，可以得到以下代码：

```
1  template <typename S, typename T>
2  inline S catmullRomSpline(
3      const S& f0,
4      const S& f1,
5      const S& f2,
6      const S& f3,
7      T f) {
8      S d1 = (f2 - f0) / 2;
9      S d2 = (f3 - f1) / 2;
10     S D1 = f2 - f1;
11
12     S a3 = d1 + d2 - 2 * D1;
13     S a2 = 3 * D1 - 2 * d1 - d2;
14     S a1 = d1;
15     S a0 = f1;
16
17     return a3 * cubic(f) + a2 * square(f) + a1 * f + a0;
18 }
```

正如从图 1.36 中观察到的，与线性插值相比，代码提供了更光滑和连续的逼近。当然，除线性插值或 Catmull-Rom 样条插值方法外，还有其他插值方法。根据数据集的应用和约束，可以选择更合适的插值方法。阅读 Boor 的书[18]或访问

Bourke 的网站[19]，可以了解有关插值的更多详细信息。

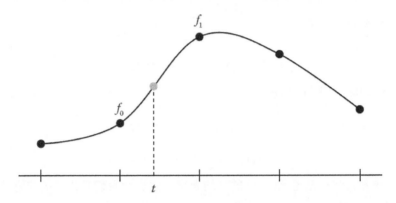

图 1.36　对于给定的数据点（黑点），样条显示使用 Catmull–Rom 插值方法的结果

1.4　几何

在模拟流体时，我们常常希望设置流体的初始形状，或者定义与流体相互作用的固体物体。在本节中，我们将实现在开发流体引擎时经常使用的常见几何数据类型和运算。

1.4.1　几何表面

在本书中，位于继承关系顶端的几何类型是几何表面。表面支持的一些基本运算是从任意点查询表面上最近的点，从该点计算表面法线，以及执行光线-表面相交测试。Ray 是一种数据类型，表示具有一个端点的直线，如图 1.37 所示。

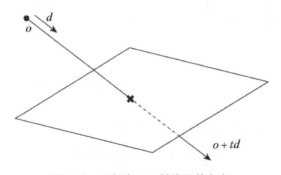

图 1.37　几何表面、射线及其交点

为了支持基本查询，可以定义类 Surface3：

```
1 struct SurfaceRayIntersection3 {
2     bool isIntersecting;
3     double t;
4     Vector3D point;
5     Vector3D normal;
6 };
7
8 class Surface3 {
9   public:
10     Surface3();
11
12     virtual ~Surface3();
13
14     virtual Vector3D closestPoint(const Vector3D& otherPoint) const = 0;
15
16     virtual Vector3D closestNormal(const Vector3D& otherPoint) const = 0;
17
18     virtual BoundingBox3D boundingBox() const = 0;
19
20     virtual void getClosestIntersection(
21         const Ray3D& ray,
22         SurfaceRayIntersection3* intersection) const = 0;
23
24     virtual bool intersects(const Ray3D& ray) const;
25
26     virtual double closestDistance(const Vector3D& otherPoint) const;
27 };
28
29 bool Surface3::intersects(const Ray3D& ray) const {
30     SurfaceRayIntersection3 i;
31     getClosestIntersection(ray, &i);
32     return i.isIntersecting;
33 }
34
35 double Surface3::closestDistance(const Vector3D& otherPoint) const {
36     return otherPoint.distanceTo(closestPoint(otherPoint));
37 }
```

请注意，BoundingBox3 是一个三维轴对齐的包围盒，本质上是盒的两个角点的类。Ray3D 类是具有射线原点和方向的类型。SurfaceRayIntersection3 是一个简单的结构，它保存光线与表面的交点信息，例如从光线原点到交点（t）的距离、交点本身及交点处的表面法线。

上面的基类可以通过覆盖上面显示的虚函数来扩展。例如，球体几何可以实现为：

```
1  class Sphere3 final : public Surface3 {
2    public:
3        Sphere3(const Vector3D& center, double radius);
4
5        Vector3D closestPoint(const Vector3D& otherPoint) const override;
6
7        Vector3D closestNormal(const Vector3D& otherPoint) const override;
8
9        void getClosestIntersection(
10           const Ray3D& ray,
11           SurfaceRayIntersection3* intersection) const override;
12
13       BoundingBox3D boundingBox() const override;
14
15   private:
16       Vector3D _center;
17       double _radius = 1.0;
18 };
19
20 Vector3D Sphere3::closestPoint(const Vector3D& otherPoint) const {
21     return _radius * closestNormal(otherPoint) + _center;
22 }
23
24 Vector3D Sphere3::closestNormal(const Vector3D& otherPoint) const {
25     if (_center.isSimilar(otherPoint)) {
26         return Vector3D(1, 0, 0);
27     } else {
28         return (_center - otherPoint).normalized();
29     }
30 }
31
32 BoundingBox3D Sphere3::boundingBox() const {
33     Vector3D r(_radius, _radius, _radius);
34     return BoundingBox3D(_center - r, _center + r);
35 }
```

另一种常用的表面类型是三角形网格，如图 1.38 所示。使用网格，可以提供范围广泛的几何图形，例如艺术家创建的对象或计算机视觉算法重建的场景。从代码库来看，三角形及其网格分别实现为 Triangle3 和 TriangleMesh3。本书不会列出这两个类的实现细节，但会给出基本接口的定义：

```
1 class Triangle3 final : public Surface3 {
2   public:
3       std::array<Vector3D, 3> points;
4       std::array<Vector3D, 3> normals;
5       std::array<Vector2D, 3> uvs;
6
7       Triangle3();
8
9       Triangle3(
10          const std::array<Vector3D, 3>& newPoints,
11          const std::array<Vector3D, 3>& newNormals,
12          const std::array<Vector2D, 3>& newUvs);
13
14      Vector3D closestPoint(const Vector3D& otherPoint) const override;
15
16      Vector3D closestNormal(const Vector3D& otherPoint) const override;
17
18      void getClosestIntersection(
19          const Ray3D& ray,
20          SurfaceRayIntersection3* intersection) const override;
21
22      bool intersects(const Ray3D& ray) const override;
23
24      BoundingBox3D boundingBox() const override;
25
26      ...
27 };
28
29 class TriangleMesh3 final : public Surface3 {
30   public:
31      typedef Array1<Vector2D> Vector2DArray;
32      typedef Array1<Vector3D> Vector3DArray;
33      typedef Array1<Point3UI> IndexArray;
34
35      TriangleMesh3();
36
37      TriangleMesh3(const TriangleMesh3& other);
38
39      Vector3D closestPoint(const Vector3D& otherPoint) const override;
40
41      Vector3D closestNormal(const Vector3D& otherPoint) const override;
42
43      void getClosestIntersection(
44          const Ray3D& ray,
45          SurfaceRayIntersection3* intersection) const override;
46
```

```
47      BoundingBox3D boundingBox() const override;
48
49      bool intersects(const Ray3D& ray) const override;
50
51      double closestDistance(const Vector3D& otherPoint) const override;
52
53      ...
54
55  private:
56      Vector3DArray _points;
57      Vector3DArray _normals;
58      Vector2DArray _uvs;
59      IndexArray _pointIndices;
60      IndexArray _normalIndices;
61      IndexArray _uvIndices;
62
63      ...
64  };
```

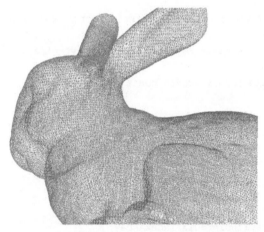

图 1.38　来自 Stanford Bunny 模型[6]的三角形网格示例

其他表面类型，如 `Box3` 和 `Plane3`，也可从代码库中获得。查看代码库，可以了解更多信息。

1.4.2　隐式表面

像平面或三角形网格这样的表面，其上的每一个点都是明确定义的，这意味着可以写出一个等式，例如

$$\boldsymbol{x} = f(t_1, t_2, \cdots)$$

（1.58）

其中，t_i是输入参数，$\boldsymbol{x}$是表面上的点。例如，在球型表面上，可以使用两个参数来定位点。如图 1.39 所示，可以定义地球上地理坐标的一对纬度和经度。这样的表面适合某些运算，例如计算几何体的包围盒，或者可视化其形状。然而，测试任意点是否在表面内部或计算最近的表面法线这样的运算并不容易，或者这种表示通常效率低下。

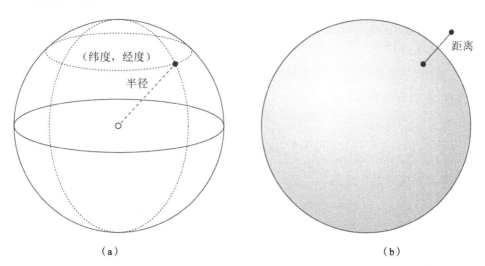

图 1.39　具有两种不同表面类型的球体

（a）使用半径、纬度和经度的球体的显式表示；（b）使用距离场的隐式表示

定义表面以有效处理此类计算的另一种方法是使用隐式函数。隐式方法不是将参数直接映射到表面上的点，而是使用一个函数来判断输入点是否在表面上。例如，一个球体可以用距离函数来表示，即

$$f(\boldsymbol{x}) = |\boldsymbol{x} - \boldsymbol{c}| - r$$

（1.59）

其中，$\boldsymbol{x}$是空间中的任意点，$\boldsymbol{c}$是球体的中心，r是球体的半径。此函数计算到表面的最近距离，因此一组满足$f(\boldsymbol{x}) = 0$的点位于球体表面上。请注意，如果$f(\boldsymbol{x}) < 0$，则表示该点在表面内部，而$f(\boldsymbol{x}) > 0$则表示点在表面外部。因此，计算表面的内部或外部就变得非常简单。这样的函数被称为带符号距离函数或场（SDF）。

定义隐式表面不一定要使用 SDF，但使用 SDF 对于许多其他运算却有很多优势。例如，简单地从 SDF 中减去一个常量将拉伸表面，如图 1.40 所示。这种运算

的应用之一可以从文本渲染中找到。为了绘制带有轮廓或发光效果的样式精美的文本，向量格式的字体被转换为带符号距离场[61]。

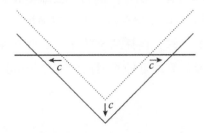

图 1.40　用 c 拉伸一维带符号距离场等同于减去一个常数值 c

另一个例子是表面法线的计算。由于 SDF 总是返回到表面上最近点的距离，因此 SDF 在表面的梯度是表面法线，使得

$$n = \frac{\nabla f(x)}{|\nabla f(x)|} \qquad (1.60)$$

这也意味着梯度的大小总是 1：

$$|f(\nabla x)| = 1 \qquad (1.61)$$

两个 SDF 之间的布尔运算只是从两个函数中获取最小值或最大值的问题。例如，$h = \min(f, g)$ 表示两个 SDF f 和 g 的并集。要从 f 中减去 g，可以使用 $h = \max(f, -g)$。

要实现隐式表面，可以使用以下基类：

```
1 class ImplicitSurface3 : public Surface3 {
2   public:
3       ImplicitSurface3();
4
5       virtual ~ImplicitSurface3();
6
7       virtual double signedDistance(const Vector3D& otherPoint) const = 0;
8 };
```

如我们所见，该类向抽象基类 Surface3 添加了一个虚函数 signedDistance。例如，球体的隐式版本可以写成：

```
1 class ImplicitSphere3 final : public ImplicitSurface3 {
2   public:
3       ImplicitSphere3(const Vector3D& center, double radius);
```

```
4
5      double signedDistance(const Vector3D& otherPoint) const override;
6
7      ...
8 };
9
10 double ImplicitSphere3::signedDistance(const Vector3D& otherPoint) const {
11     return _center.distanceTo(otherPoint) - _radius;
12 }
```

1.4.3 从隐式表面到显式表面

由于显式表面和隐式表面各有优势，因此通常需要将一种表面转换为另一种表面。例如，直接可视化隐式表面只能通过执行光线追踪[74]。但经典或使用光栅化的渲染管线，包括 OpenGL 或 DirectX，通常需要显式表示，尤其是使用三角网格。因此，我们需要一种将隐式表面转换为显式网格的方法。

这种转换最流行的方法是行进立方体方法（Marching Cube Method）[76]。该方法从一个网格开始，其中每个网格点都存储了从隐式表面进行函数采样的值。然后，如果 8 个网格单元角之间存在符号差异，则该算法会迭代网格单元并创建三角形。

为了简化问题，我们考虑一个二维表面。图 1.41 说明了网格单元可能具有的所有情况。在这些情况下，请注意，如果有任何网格点的符号与其他网格点不同，则表示表面正在穿过该网格单元。在这种情况下，可以在包含不同符号的边之间画线（三维空间中的三角形），并且来自每个网格单元的这些线（同样是三维空间中的三角形）的集合将是隐式函数的显式表示。在确定新创建的顶点在边上的位置时，线性近似

$$x = \frac{|\Phi_{\text{left}}|}{|\Phi_{\text{left}}| - |\Phi_{\text{right}}|} \tag{1.62}$$

可以使用。图 1.42 显示了来自隐式表面场的二维行进立方体（或行进正方形）的示例结果。

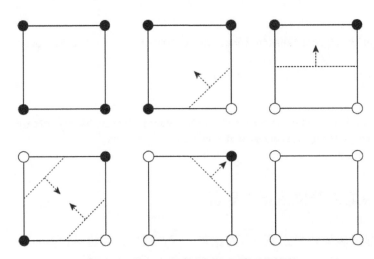

图 1.41　来自二维隐式场的六种可能情况

角落处的黑点和白点分别代表正值和负值；虚线是重建的显式表面，箭头是表面法线

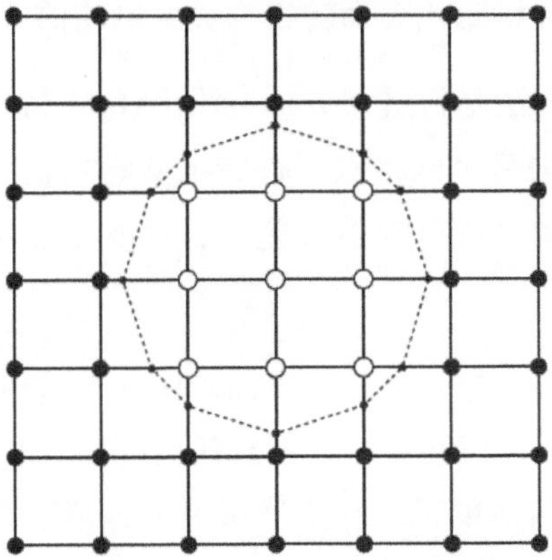

图 1.42　二维行进正方体的示例结果

角落处的黑点和白点分别代表正值和负值，较小的点和虚线表示重建的显式表面

1.4.4　从显式表面到隐式表面

将通用显式表面转换为隐式表面很简单，考虑下面的代码：

```
1 class SurfaceToImplicit3 final : public ImplicitSurface3 {
2   public:
3       explicit SurfaceToImplicit3(const Surface3Ptr& surface);
4
5       double signedDistance(const Vector3D& otherPoint) const override;
6
```

```
 7      ...
 8
 9   private:
10       Surface3Ptr _surface;
11   };
12
13   double SurfaceToImplicit3::signedDistance(
14       const Vector3D& otherPoint) const {
15       Vector3D x = _surface->closestPoint(otherPoint);
16       Vector3D n = _surface->closestNormal(otherPoint);
17       if (n.dot(otherPoint - x) < 0.0) {
18           return -x.distanceTo(otherPoint);
19       } else {
20           return x.distanceTo(otherPoint);
21       }
22   }
```

适配器类 SurfaceToImplicit3 接收显式表面并返回与表面的带符号距离。从给定点开始，首先计算最近点和显式表面的法线。如果从最近点到给定点的向量与表面法线方向相反，则该点在表面内部，返回负距离。如果不是，则该点在表面之外，返回正距离。这种方法需要假设 closestPoint 和 closestNormal 的计算成本较低。

计算与三角形网格的最近距离也是一样的。为了确定符号，我们可以查询最近点的表面法线，并使用点积查看该点是否在表面的另一侧。我们还可以设置一个网格，并将计算的距离和符号赋予每个网格点。不过，最困难的部分是确定符号。特别是当表面不完全封闭（有孔）或网格的表面法线定义不明确时，不能保证带符号距离场的形成（只能稳健地生成距离场）。为了处理如此广泛的任意输入，可以考虑使用稳健的表面重建技术[106]。为简单起见，我们可以假设输入网格没有任何孔①，并应用 Bærentzen 和 Aanæs[8]的角度加权法线方法。

1.5　动画

在计算机图形学中，通过为给定的时间序列生成一系列图像来创建动画[81]。例如，图 1.43 显示了弹跳球动画中的几个图像。对于给定的时间序列 0、1 和 2s，

---

① 完全封闭且没有任何孔的网格通常被称为"水密"网格。

将球的相应位置和形状绘制在图像中。在此特定示例中，两个相邻图像之间的时间间隔为 1s。通常，我们使用更小的时间间隔，例如 1/24、1/30 或 1/60s，以便以相同的速度播放图像序列时看起来更流畅。在引用图像序列的时间戳时，我们使用"帧"。对于图 1.43，第 0 帧对应第一个图像，第 1 帧对应下一个图像。由于此示例有 1 个时间间隔 1s，回放将显示每秒 1 帧，简而言之，1FPS。如果两帧之间的时间间隔是 1/60s，那么我们说动画有 60FPS 的帧率。

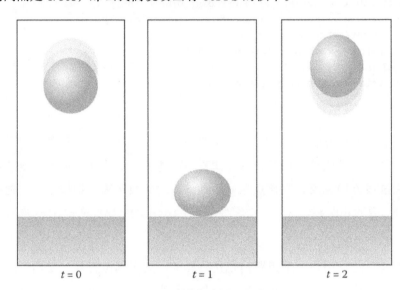

$t = 0$ $t = 1$ $t = 2$

图 1.43　弹跳球动画中的图像序列

现在再次进行编码。我们从一个非常简单的用于保存帧数据的结构开始：

```
1 struct Frame final {
2     unsigned int index = 0;
3     double timeIntervalInSeconds = 1.0 / 60.0;
4
5     double timeInSeconds() const {
6         return count * timeIntervalInSeconds;
7     }
8
9     void advance() {
10         ++index;
11     }
12
13     void advance(unsigned int delta) {
14         index += delta;
15     }
16 };
```

这段代码非常简单。该结构包含一个整数索引，表示其在时间轴中的时间顺序（图 1.44）。此外，成员变量 **timeIntervalInSeconds** 存储帧之间的时间间隔。假设系统对整个动画使用固定的时间间隔，因此如果想知道以 s 为单位的当前时间，可以简单地将变量 **count** 和 **timeIntervalInSeconds** 相乘，如成员函数 **timeInSeconds** 所示。此外，最后两个函数是简单的辅助函数，将此帧类视为帧序列的向前迭代器。

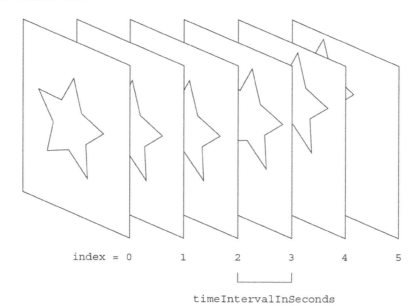

图 1.44 显示帧序列、帧索引和时间间隔

如图 1.44 所示，动画过程的核心是显示帧序列。如果为这样的过程编写一个伪代码，它是这样的：

```
1 Frame frame;
2
3 while (!quit) {
4     processInput();
5     updateScene(frame);
6     renderScene(frame);
7
8     frame.advance();
9 }
```

对于每一帧，while 循环首先处理传入的用户输入，更新场景对象，然后渲染结果。函数 updateScene 简单地迭代所有场景对象并使用当前帧信息更新它们的状态。本书将重点放在 updateScene 函数上，它可以写成这样：

```
1  void updateScene(const Frame& frame) {
2      for (auto& animation: animations) {
3          animation->update(frame);
4      }
5  }
```

假设场景中的所有动画都存储在数组中，并且通过调用更新函数简单地迭代来更新单个动画，这可能会更新每个动画对象的内部数据。要定义动画对象类型，可以这样写：

```
1  class Animation {
2    public:
3        ...
4
5        void update(const Frame& frame) {
6            //一些预处理运算
7
8            onUpdate(frame);
9
10           //一些后处理运算
11       }
12
13   protected:
14       virtual void onUpdate(const Frame& frame) = 0;
15 };
```

这是本书中定义动画的所有对象的抽象基类。如我们所见，我们有一个公共函数 update 和一个受保护但纯虚的函数 onUpdate。当 update 被外部调用时，它会做一些内部的预处理工作（比如日志记录），并调用子类特定的 onUpdate。这个 onUpdate 函数的目标是"更新"给定帧的内部状态。

例如，可以继承 Animation 类，定义自己的动画类：

```
1  class SineAnimation final : public Animation {
2    public:
3        double x = 0.0;
4
5    protected:
6        void onUpdate(const Frame& frame) override {
7            x = std::sin(frame.timeInSeconds());
8        }
9  };
```

正如我们所看到的，这个类有一个双精度类型的变量来存储当前的动画状态。可以想象这代表球的中心位置。onUpdate 的实现将当前时间映射到使用正弦函数的位置，这将产生振荡运动。我们可以测试 SineAnimation 类实例：

```
1 SineAnimation sineAnim;
2 for (Frame frame; frame.index < 240; frame.advance()) {
3     sineAnim.update(frame);
4
5     //将数据保存到磁盘
6 }
```

这段代码可以在 src/manual_tests/animation_tests.cpp 中找到，图 1.45（a）显示了这段简单代码的结果。可以看到，代码生成了正弦波动画，可用于生成类似弹簧的运动。基于这个最小的示例，我们对代码做了一些调整：

```
1 class SineWithDecayAnimation final : public Animation {
2   public:
3       double x = 0.0;
4
5   protected:
6       void onUpdate(const Frame& frame) override {
7           double decay = 1.0 / frame.timeInSeconds();
8           x = std::sin(frame.timeInSeconds()) * decay;
9       }
10 };
```

从图 1.45（b）中可以看出，现在已经使正弦函数随时间衰减。新动画看起来像带有阻尼运动的弹簧。

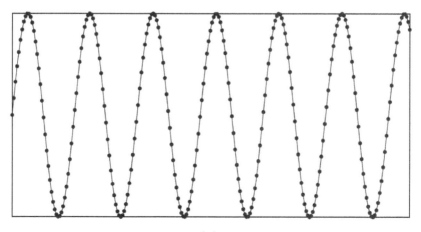

（a）

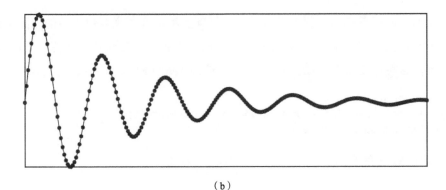

（b）

图 1.45　显示自定义动画类（a）SineAnimation 测试和（b）SineWithDecayAnimation 的
状态轨迹，横轴表示时间，纵轴表示 x 的值

在接下来的内容中，我们将看到如何扩展这个基础接口来创建物理动画，这
将成为流体模拟引擎的基础。

1.6　基于物理的动画

在计算机图形学中，基于物理的动画是对火、烟、雨或风等自然现象的模拟。
它可以模拟各种类型的材料，如固体、水、气体，甚至织物或毛发。因此，流体
动画背后的很大一部分思想继承自基于物理的动画，本节将介绍如何实现基于物
理的动画引擎。

1.6.1　基础入门

还记得我们的第一个动画示例 SineAnimation 吗？我们使用正弦函数直接将
输入时间映射到位置状态。它不依赖任何帧的其他数据或状态，因此，可以随意
挑一帧知道对应的位置，却不用按时间顺序调用 update 函数。其他类型的动画，
如关键帧动画，也具有相同的特点。相反，基于物理的动画取决于前几帧的状态。
在介绍更多细节之前，我们先看下面的代码，它定义了物理动画的关键接口：

```
1 class PhysicsAnimation : public Animation {
2   ...
3
4   protected:
```

```
5       virtual void onAdvanceTimeStep(double timeIntervalInSeconds) = 0;
6
7   private:
8       Frame _currentFrame;
9
10      void onUpdate(const Frame& frame) final;
11
12      void advanceTimeStep(double timeIntervalInSeconds);
13  };
14
15  void PhysicsAnimation::onUpdate(const Frame& frame) {
16      if (frame.index > _currentFrame.index) {
17          unsigned int numberOfFrames = frame.index - _currentFrame.index;
18
19          for (unsigned int i = 0; i < numberOfFrames; ++i) {
20              advanceTimeStep(frame.timeIntervalInSeconds);
21          }
22
23          _currentFrame = frame;
24      }
25  }
```

我们重写了 Animation 的 onUpdate 函数，它再次调用私有成员函数
advanceTimeStep，如果输入帧比当前帧更新，它会前进一帧。但是在新输入帧
比前一帧旧的情况下，它不执行任何模拟。①

一旦完成一些代码，它就会变得更加自然，但与前面的 SineAnimation 示例
不同，基于物理的动画依赖于历史——下一个状态由前一个状态定义。想一想台球
的动态，母球将击中另一个球，并把该事件传播到其他球。它是随着时间演变的
一系列因果关系。这是动力学的基本原理之一，主要是关于力和运动之间的因果
关系。这就是 PhysicsAnimation 类采用渐进式方法更新其状态的原因。

另外需要注意的是，当输入帧与最后一个模拟帧的距离超过一帧时（即快进
场景），我们将采取固定时间间隔的多个时间步长，而不是采取单个巨大的时间步
长。一旦我们看到实际的模拟代码是如何工作的，情况就会更清楚，但一般来说，
采取三个小的时间步长并不等同于采取三倍大的时间步长。因此，我们使用多个
时间步长，以使模拟输出一致。

---

① 我们可以在此处实现缓存加载逻辑，以便类实例可以倒回动画。但是，我们仍然没有进行任何模拟。

1.6.2　物理动画示例

基类 PhysicsAnimation 确实让我们对物理动画有了一些了解，但它仍然过于抽象。为了更好地理解基于物理的动画，我们将实现一个简单但功能齐全的物理求解器。此实现将涵盖以下题：

（1）如何表示物理状态？

（2）如何计算力？

（3）如何计算运动？

（4）如何处理约束并与障碍交互？

这些是任何类型的物理引擎开发都最需要的核心主题，我们将在全书的代码开发中遵循相同的想法。

1.6.2.1　选择模型

首先，我们选择要制作动画的仿真模型。如果可以马上从一种流体模型开始，那就太好了，但是我们从更简单的模型开始。在这个特定的例子中，我们将使用质量-弹簧模型来演示这些关键思想是如何实现的。模型中有像链条一样由弹簧连接的质点，这个系统受到重力和空气的影响。由于这些弹簧，每个质点都可以与其相邻质点保持相对距离。此外，重力将这些点拉向地面，而空气阻力会减慢这些点的运动。这些点可能会与墙壁或地板等障碍物发生碰撞。图 1.46 详细说明了此设置。虽然这不是一个确切的流体模拟器，但它是模拟可变形物体的最简单和最广泛使用的模型之一。

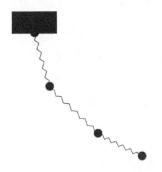

图 1.46　质量-弹簧系统的设置
黑点是质点，之字形部分是弹簧，最高点附在固定块上

1.6.2.2　模拟状态

现在有一个模型可以模拟。下一步是定义模拟状态。从图 1.46 可以看出，系统由许多运动的质点组成。因此，应该有一个数组来存储点的位置和速度。此外，这些点可以根据作用在这些点上的力进行加速或减速运动，我们可以添加另一个数组来保存这些力的数据。最后，两点之间的连通性，如图形的边，也应该被存储。基于这些需求，新类 **SimpleMassSpringAnimation** 可以初步实现如下：

```
1  class SimpleMassSpringAnimation : public PhysicsAnimation {
2  public:
3      struct Edge {
4          size_t first;
5          size_t second;
6      };
7
8      std::vector<Vector3D> positions;
9      std::vector<Vector3D> velocities;
10     std::vector<Vector3D> forces;
11     std::vector<Edge> edges;
12
13     SimpleMassSpringAnimation(size_t numberOfPoints = 10) {
14         size_t numberOfEdges = numberOfPoints - 1;
15
16         positions.resize(numberOfPoints);
17         velocities.resize(numberOfPoints);
18         forces.resize(numberOfPoints);
19         edges.resize(numberOfEdges);
20
21         for (size_t i = 0; i < numberOfPoints; ++i) {
22             positions[i].x = static_cast<double>(i);
23         }
24
25         for (size_t i = 0; i < numberOfEdges; ++i) {
26             edges[i] = Edge{i, i + 1};
27         }
28     }
29
30 protected:
31     void onAdvanceTimeStep(double timeIntervalInSeconds) override {
32         ...
33     }
34 };
```

在本书中，我们将位置、速度和力表示为三维向量。数组的第 i 个元素代表第

i 个质量点，弹簧连接由索引对数组表示。这些状态数据在构造函数中初始化。在此示例中，将点初始化为水平链接，但我们可以让它具有任意位置和连接性。对于单位，我们将使用 MKS 标准，即长度为米，质量为千克，时间为秒。除了成员数据，我们还注意到，该类重写了 PhysicsAnimation 类的虚函数 onAdvanceTimeStep。在该函数中，我们为质量弹簧模型实现核心逻辑的地方，更新刚刚定义的每一帧状态。

1.6.2.3　力与运动

由于现在有了状态，我们来谈谈运动。根据牛顿第二运动定律，加速度由点的质量和作用在该点上的力决定：

$$F = ma \tag{1.63}$$

其中，F、m 和 a 分别是力、质量和加速度。在大多数情况下，力和加速度是输入，而加速度是计算量。因此，跟踪运动和更新状态的过程从了解系统中的力开始。在这个例子中，我们将积累不同种类的力，但现在假设我们知道有多少力被施加到这些点上。看看下面的代码：

```
1 double mass = 1.0;
2 ...
3 void onAdvanceTimeStep(double timeIntervalInSeconds) override {
4     size_t numberOfPoints = positions.size();
5
6     //计算力
7     for (size_t i = 0; i < numberOfPoints; ++i) {
8         forces[i] = ...
9     }
10
11     //更新状态
12     for (size_t i = 0; i < numberOfPoints; ++i) {
13         //计算新的状态
14         Vector3D newAcceleration = forces[i] / mass;
15         Vector3D newVelocity = ...
16         Vector3D newPosition = ...
17
18         //更新状态
19         velocities[i] = newVelocity;
20         positions[i] = newPosition;
21     }
22
```

```
23    //应用约束
24    ...
25 }
```

此代码显示了类 SimpleMassSpringAnimation 的函数 onAdvanceTimeStep 的实现。同样，此函数的目的是在给定时间间隔 timeIntervalInSeconds 内增量更新状态。在代码内部，有一个遍历点的循环；在循环内部，有三个主要部分。第一部分计算力，我们后续再详细讨论。代码的第二部分计算新的速度和位置，然后将新状态赋予成员数据。代码的最后一部分对点应用约束，以便某些点具有约束位置或速度。例如，我们可以想象一个点被钉在墙上，其他点可以自由移动。

现在我们谈谈计算力的第一个块。如前所述，我们正在考虑三种不同的力——重力、弹簧力和空气阻力。可变力将是这三种不同的力的累积。从重力开始，我们将其视为地球的引力，定义为

$$F_g = mg \tag{1.64}$$

其中，m 是质量，g 是指向下方的重力加速度向量。g 的大小取决于我们所在的位置，但我们将使用 -9.8m/s^2。因此，重力系统可以这样实现：

```
1 Vector3D gravity = Vector3D(0.0, -9.8, 0.0);
2 ...
3 void onAdvanceTimeStep(double timeIntervalInSeconds) override {
4    size_t numberOfPoints = positions.size();
5
6    for (size_t i = 0; i < numberOfPoints; ++i) {
7        forces[i] = mass * gravity;
8    }
9
10   ...
11 }
```

到目前为止，实现都非常简单。现在我们来考虑弹簧力。当两个点与弹簧连接时，如果弹簧被压缩或伸长超过原始静止长度，则力将施加到这些点。如图 1.47 所示，作用于一点的弹簧力的方向取决于弹簧是否被压缩，力的大小与压缩或伸长的长度成正比。这就是胡克定律，包含所有这些属性的方程式都可以写成

$$F_{s0} = -k(d - l)r_{10} \tag{1.65}$$

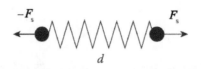

图 1.47 对于静止长度为l的弹簧，如果两个连接点之间的距离变为d，
则会产生一个弹簧力并施加到这些点上

力$\boldsymbol{F}_{s1}$是施加到点 1 的力，d是两点之间的距离，l是弹簧的剩余长度，向量$\boldsymbol{r}$是从点 1 到点 0 的方向向量。常数k是弹簧的刚度。因此，较大的k将产生更强的弹力。同样的力也施加到点 1，但方向相反：

$$\boldsymbol{F}_{s1} = k(d - l)\boldsymbol{r}_{01} \tag{1.66}$$

基于以上等式，计算弹簧力的代码可以写成：

```
1  double stiffness = 500.0;
2  double restLength = 1.0;
3  ...
4  void onAdvanceTimeStep(double timeIntervalInSeconds) override {
5      size_t numberOfPoints = positions.size();
6      size_t numberOfEdges = edges.size();
7
8      //计算力
9      for (size_t i = 0; i < numberOfPoints; ++i) {
10         //计算重力
11         forces[i] = mass * gravity;
12     }
13
14     for (size_t i = 0; i < numberOfEdges; ++i) {
15         size_t pointIndex0 = edges[i].first;
16         size_t pointIndex1 = edges[i].second;
17
18         //计算弹簧力
19         Vector3D pos0 = positions[pointIndex0];
20         Vector3D pos1 = positions[pointIndex1];
21         Vector3D r = pos0 - pos1;
22         double distance = r.length();
23         if (distance > 0.0) {
24             Vector3D force = -stiffness * (distance - restLength) *
```

```
r.normalized();
25          forces[pointIndex0] += force;
26          forces[pointIndex1] -= force;
27      }
28  }
29
30  ...
31 }
```

　　请注意，//**计算力**代码块现在分为两个循环。第一个循环是前面代码中的重力部分。第二个循环是新的边（或弹簧）数组的迭代代码，计算弹簧力，然后累积到力数组。该代码几乎按原样实现了方程式。一个小的区别是"if 语句"，它可以防止被零除的情况。

　　关于弹簧力，还有一件事需要考虑，那就是阻尼。如果我们想象一个真正的弹簧，它不会永远振荡，运动会随着时间衰减，就像我们在 1.5 节中看到的 **SineWithDecayAnimation**[①]。该阻尼力试图降低两点之间的"相对"速度，但是只要点以不同的速度移动，阻尼力就会起作用。如果把它写成一个方程，就变成

$$\boldsymbol{F}_{d0} = -c(\boldsymbol{v}_0 - \boldsymbol{v}_1) \tag{1.67}$$

其中力 $\boldsymbol{F}_{d0}$ 是点 0 的阻尼力，$\boldsymbol{v}_0$ 和 $\boldsymbol{v}_1$ 分别是点 0 和点 1 的速度。可以看到，点 0 和点 1 之间的速度差，即点 0 的相对速度，用常数 $-c$ 表示。例如，如果点 1 没有移动（零速度），而点 0 正在朝某个方向移动，则点 0 将受到的力与其自身的速度成正比，但方向相反。所以点 0 会减速，直到达到零速度。对称力也应用于点 1，即

$$\boldsymbol{F}_{d1} = -c(\boldsymbol{v}_1 - \boldsymbol{v}_0) \tag{1.68}$$

　　现在我们把这个等式写到代码中：

```
1 double dampingCoefficient = 1.0;
2 ...
3 void onAdvanceTimeStep(double timeIntervalInSeconds) override {
4     size_t numberOfPoints = positions.size();
5     size_t numberOfEdges = edges.size();
6
7     //计算重力
8     ...
9
```

---

① 事实上，**SineWithDecayAnimation** 是一个质量弹簧系统的求解方案之一。

```
10
11    for (size_t i = 0; i < numberOfEdges; ++i) {
12        size_t pointIndex0 = edges[i].first;
13        size_t pointIndex1 = edges[i].second;
14
15        //计算弹簧力
16        ...
17
18        //增加阻尼力
19        Vector3D vel0 = velocities[pointIndex0];
20        Vector3D vel1 = velocities[pointIndex1];
21        Vector3D damping = -dampingCoefficient * (vel0 - vel1);
22        forces[pointIndex0] += damping;
23        forces[pointIndex1] -= damping;
24    }
25
26    ...
27 }
```

从第 19 行到第 23 行，代码显示了如何累积阻尼力。到目前为止，我们拥有的代码版本足以模拟质量弹簧系统——我们有足够的组件来为带弹簧的链式质量点创建运动。图 1.48 显示了具有重力、弹簧力和阻尼力的点的图像序列。

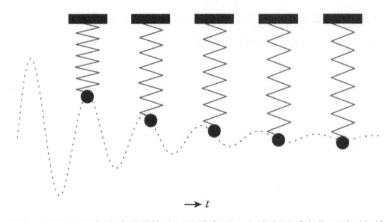

图 1.48　具有重力和阻尼力的质量弹簧动画的帧序列。虚线表示质点位置随时间演化的轨迹

作为附加特性，我们将空气的效果添加到代码中，即空气阻力。空气阻力有多种模型，我们将采用最简单的一种。当物体在空气中运动时，它会受到来自空气的摩擦力，该摩擦力与物体的速度成正比。因此，更快的物体获得更大的阻力，我们可以将这种关系写成

$$F_a = -bv \tag{1.69}$$

其中，v 是物体的速度，b 是空气阻力系数。该方程与我们之前看到的阻尼力非常相似。它在物体运动的相反方向上产生力，并且如果速度更快则变得更强。然而，这个方程式没有考虑物体的形状，并将空气的属性简化为一个常数，因此可能不是很准确。但是对于这个介绍性的例子，这个等式工作得很好。为了将其合并到代码中，可以更新代码如下：

```
1  double dragCoefficient = 0.1;
2  ...
3  void onAdvanceTimeStep(double timeIntervalInSeconds) override {
4      ...
5
6      //计算力
7      for (size_t i = 0; i < numberOfPoints; ++i) {
8          //重力
9          forces[i] = mass * gravity;
10
11         //空气阻力
12         forces[i] += -dragCoefficient * velocities[i];
13     }
14
15     ...
16  }
```

现在，可以进一步扩展它，让系统与风互动。上面的代码假设空气是静止的，只有点在移动。如果空气在移动，也就是风，可以假设"相对"速度来计算阻力。通过添加几行代码，就可以实现风的效果：

```
1   VectorField3Ptr wind;
2
3   void onAdvanceTimeStep(double timeIntervalInSeconds) override {
4       ...
5
6       //计算力
7       for (size_t i = 0; i < numberOfPoints; ++i) {
8           //重力
9           forces[i] = mass * gravity;
10
11          //空气阻力
12          Vector3D relativeVel = velocities[i];
13          if (wind != nullptr) {
14              relativeVel -= wind->sample(positions[i]);
```

```
15          }
16          forces[i] += -dragCoefficient * relativeVel;
17
18      }
19
20      ...
21  }
```

wind 被定义为一个向量场——VectorField3Ptr wind，它是 VectorField3
的共享指针。查看 1.3.5 节以获取有关场的信息。无论如何，如果设置了该场，则根据
风速计算相对速度，然后将其应用于阻力。例如，可以将风的函数应用于动画对象：

```
1 SimpleMassSpringAnimation anim;
2 anim.wind = std::make_shared<ConstantVectorField3>(Vector3D(10.0, 0.0, 0.0));
```

此代码将使风以每秒 10 米的速度从左向右吹。ConstantVectorField3 类是
内置的 VectorField3 类型之一，代码可以在 include/jet/constant_vector_
field3.h 和 src/jet/constant_vector_field3.cpp 中找到。还可以构造自定
义向量场对象来创建有趣的行为。

1.6.2.4 时间积分

到目前为止，我们已经计算了力。现在需要使用已经计算出的力来更新状
态——位置和速度。在本节开头，onAdvanceTimeStep 函数有两个主要块：

```
1 void onAdvanceTimeStep(double timeIntervalInSeconds) override {
2      //计算力
3      ...
4
5      //更新状态
6      for (size_t i = 0; i < numberOfPoints; ++i) {
7          //计算新的状态
8          Vector3D newAcceleration = forces[i] / mass;
9          Vector3D newVelocity = ...
10         Vector3D newPosition = ...
11
12         //更新状态
13         velocities[i] = newVelocity;
14         positions[i] = newPosition;
15     }
16 }
```

现在要填写第二个块。如骨架所示，在上面的代码中，首先使用牛顿第二运动定律 $F = ma$ 将力转换为加速度。由于加速度是速度的变化率，速度是位置的变化率，所以速度是加速度的积分，位置是速度的积分。可以用以下方程来计算新的速度和位置

$$v_{\text{new}} = v_{\text{old}} + \Delta t a_{\text{new}} \tag{1.70}$$

及

$$x_{\text{new}} = x_{\text{old}} + \Delta t v_{\text{new}} \tag{1.71}$$

其中，Δt 是帧的时间间隔。例如，如果汽车以每小时 50 英里[①]的速度行驶，两小时后将行驶 100 英里。如图 1.49 所示，通过使用带导数的扩展函数的积分近似值，假设变化率在给定时间间隔内是恒定的。我们使用术语"近似"是因为时间间隔是有限的（通常为 1/60s 或更短），这意味着我们在两者之间丢失了一些信息。我们可以从图中注意到近似值与真实值之间的差，即近似误差。这个具体的例子使用了线性逼近，这种逼近方法被称为欧拉方法。还有许多其他方法可以用来提高该方法的表现。通常，这种使用计算机计算积分的方法被称为数值积分。由于我们是随着时间对物理量进行积分的，因此该过程又称为数值时间积分。

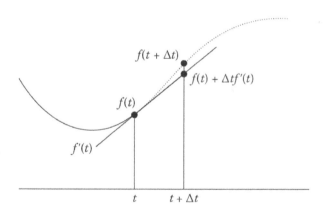

图 1.49　函数 $f(t)$，$f'(t)$ 是它的时间导数

由 $f(t)$ 和 $f'(t)$ 知道，未来值 $f(t + \Delta t)$ 是通过扩展导数来近似的；实际值 $f(t + \Delta t)$ 与 $f(t) + \Delta t f'(t)$ 之间的差就是近似误差

---

① 1 英里=1.609344km。

对于可以通过分析推导出解的某些类型的问题，可能不需要这样的数值积分。例如，如果质点连接到单个弹簧，则可以使用解析解来描述该点的运动，例如 **SineWithDecayAnimation**。但是，如果系统变得复杂，不使用数值方法则通常无法求解。

回到代码，可以像下面这样实现欧拉方法：

```
1 void onAdvanceTimeStep(double timeIntervalInSeconds) override {
2     //计算力
3     ...
4
5     //更新状态
6     for (size_t i = 0; i < numberOfPoints; ++i) {
7         //计算新状态
8         Vector3D newAcceleration = forces[i] / mass;
9         Vector3D newVelocity
10            = velocities[i] + timeIntervalInSeconds * newAcceleration;
11        Vector3D newPosition
12            = positions[i] + timeIntervalInSeconds * newVelocity;
13
14        //更新状态
15        velocities[i] = newVelocity;
16        positions[i] = newPosition;
17    }
18 }
```

请注意，这个欧拉方法已经在 1.1 节的 hello-world 示例中使用过，用于更新波的位置和速度。

1.6.2.5　约束与碰撞

最后阶段是关于应用约束的。由于没有任何限制，目前的代码不会创建任何有趣的动画，因为它只会自由落体到负无穷大。事实上，图 1.48 中显示的示例结果已经通过固定点的位置来使用约束。这是一个点约束，还有许多其他类型的约束，例如线约束或平面约束。请查看 Baraff 和 Witkin[9]了解更多详情。在这个例子中，我们将实现点约束及简单的地板碰撞。

对于点约束，我们将在给定位置固定点并赋予预定义速度：

```
1 struct Constraint {
2     size_t pointIndex;
3     Vector3D fixedPosition;
4     Vector3D fixedVelocity;
5 };
6 std::vector<Constraint> constraints;
7
8 ...
9
10 void onAdvanceTimeStep(double timeIntervalInSeconds) override {
11    //计算力
12    ...
13
14    //更新状态
15    ...
16
17    //应用约束
18    for (size_t i = 0; i < constraints.size(); ++i) {
19        size_t pointIndex = constraints[i].pointIndex;
20        positions[pointIndex] = constraints[i].fixedPosition;
21        velocities[pointIndex] = constraints[i].fixedVelocity;
22    }
23
24 }
```

修改后的类有一个约束数组,每个约束对象都指定要修复的点及其状态。在更新每一帧的位置和速度后,它通过强制指定状态对新位置和速度进行后处理。下面的代码显示了如何以零速度将系统的第一个点固定在(0,0,0)。

现在我们来考虑碰撞。假设在指定的 y 位置有一个地板,这样点就不会低于该水平。要实现该特性,需要首先检查点新的更新位置是否低于地板。如果是这样的,则将这一点推到地板上。还可以让点在碰到地板时反弹,为了实现这一点,需要将速度的 y 方向翻转到地板的法线方向。来看下面实现此逻辑的代码:

```
1 double floorPositionY = -7.0;
2 double restitutionCoefficient = 0.3;
3
4 ...
5
6 void onAdvanceTimeStep(double timeIntervalInSeconds) override {
7     //计算力
8     ...
9
10    //更新状态
```

```
11    for (size_t i = 0; i < numberOfPoints; ++i) {
12        //计算新的状态
13        ...
14
15        //碰撞
16        if (newPosition.y < floorPositionY) {
17            newPosition.y = floorPositionY;
18
19            if (newVelocity.y < 0.0) {
20                newVelocity.y *= -restitutionCoefficient;
21                newPosition.y += timeIntervalInSeconds * newVelocity.y;
22            }
23        }
24
25        //更新状态
26        ...
27    }
28
29    //应用约束
30    ...
31 }
```

可以看到，如果新位置低于地板平面，则 y 位置被截断为零，并且通过乘以恢复系数来翻转 y 速度。参数 restitutionCoefficient 是一个可以控制点在碰撞后损失多少能量的值。如果设置为 1，则该点不会损失任何能量，并且会完美反弹。如果设置为 0，则该点不会弹跳，并且会在碰撞时黏在地板上。

就是这样！我们刚刚构建了一个质量弹簧动画解算器。如图 1.50 所示，测试示例见 src/tests/manual_tests/physics_animation_tests.cpp。这是最简单的基于物理的动画解算器之一，也是实际可用的模拟引擎。我们可以进一步扩展代码以模拟可变形对象，包括布料和头发。但如前所述，这个例子的关键是制作基于物理的动画引擎的过程。从模型开始，我们定义了用于存储物理状态的数据结构，实现了力计算，编写了如何将力转化为运动的代码，最后使系统与障碍物和用户约束进行交互。即使细节可能有所不同，但相同的想法在流体引擎的开发过程中同样有所体现。以下内容将对流体动力学和模拟进行基本介绍，从下一章开始，我们将介绍如何使用各种技术构建实际的流体模拟引擎。

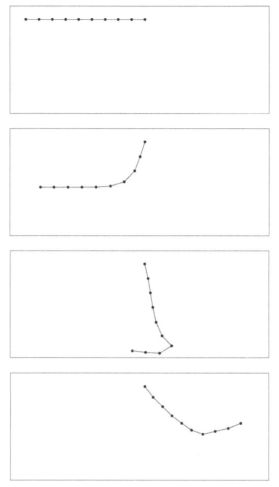

图 1.50　来自质量弹簧系统仿真的帧序列

质量点链在开始时水平放置，然后落在地板上，除结束点外，它固定在原来的位置

1.7　流体动画

流体运动是由不同的力和约束的组合产生的。就像质量弹簧系统受弹簧力、阻尼力和拖曳力控制一样，通过观察和分析流体动力学，也可以导出相应的力。此外，还有限制流动自由度的物理约束。例如，除非我们模拟蒸发或类似的异常情况，否则流体不应失去任何质量。这些力和约束因现象而异。尽管 Navier-Stokes 方程是描述流体动力学的方程，但如果我们观察的是一个玻璃杯，而不是航天飞

机进入大气层，则主导因素可能会有所不同。

本书主要将中小型流体动力学假设为目标，大约是浴缸或喷泉的水平面。这标定了模拟的时间尺度和大小尺度。我们的时间尺度大约是几秒到几分钟，而不是几天或几个月。它可以扩展到更大的范围，例如来自海洋的波浪，但不能扩展到天气预报的级别。我们也没有考虑任何微观现象，例如喷墨打印机喷嘴中的一滴墨水。总而言之，我们的目标是创建人性化的流体动画，模仿我们在日常生活中可以用眼睛观察到的东西。

基于以上假设，我们得到 3 种主导力和一种约束条件。这包括（1）重力、（2）压力和（3）黏性力作为主要驱动力，以及作为约束条件的密度守恒。根据我们模拟的现象，可能会有一些补充，但这些是最重要的部分。在本书中，我们会看到采用不同方法的不同类型的流体模拟器，但它们都有相同的想法——计算密度守恒约束条件下的 3 种力。如何编写代码的细节将在其他章节介绍。在本章的其余部分，我们将重点关注每种力和约束条件的一般概念，以了解流体动力学并最终了解构建流体动画引擎的想法。

1.7.1　重力

在人类尺度的流体动力学中，重力是影响运动的最明显和最主要的因素。它均匀地给整个流体一个向下的加速度，可以写成

$$F_g = mg \qquad (1.72)$$

向量F_g表示作用在流体上的重力，m表示一部分流体的质量，g表示重力常数。这与我们从质量弹簧示例（1.6.2 节）中观察到的完全相同，就像前面的示例一样，除重力外，其他类型的力也会累积，然后产生最终的合力F。我们已经从牛顿第二运动定律知道加速度为

$$a = F/m = (F_g + \cdots)/m \qquad (1.73)$$

向量a是流体运动的最终加速度。所以可以看到，相同的物理原理适用于任何地方，即使是流体。

这里要注意的一件事是，力作用于质量为m的一部分流体。但是由于流体是一

种非常容易变形的材料，所以每一小部分流体都可以有不同的运动。因此，我们希望分数尽可能小，以至它几乎成为一个点。因此，在描述流体运动时，使用加速度和密度代替力和质量是很常见的。这会将最新的等式变成

$$a = g + \cdots \tag{1.74}$$

这实际上更简单。如果更方便的话，本书将根据上下文偶尔使用加速度来指代力。

1.7.2　压力

接下来，我们介绍压力和压力梯度力。正如我们在天气预报中经常看到的那样，风从高压区吹向低压区，同样的规律也适用于不同尺度的其他类型的流体。压力梯度力作用的另一个例子是稳定的水（例如游泳池中的水）。当我们深入水中时，压力（不是压力梯度力）会增加。这种沿深度的压力差会产生一个与重力方向相反的上升力，正因为如此，水才能保持它的状态而不会收缩。图 1.51 更直观地说明了这些示例。

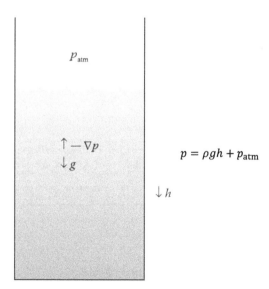

图 1.51　一个大气压力为 p_{atm}、水密度为 ρ、重力为 g、深度为 h 的水箱

压力的定义是单位面积的力，$p = F/\text{area}$，压力的梯度产生梯度力（参见 1.3.5.2 节的梯度）。考虑如图 1.52 所示的大小为 l 的一小块立方体流体，假设压力仅沿 x

轴变化。如果左右压力差为Δp，则施加在方形界面上的力F为Δpl^2。由于$F = ma$和质量m是体积乘以密度，因此

$$F_p = -\Delta pl^2 = ma_p = l^3 \cdot \rho \cdot a_p \tag{1.75}$$

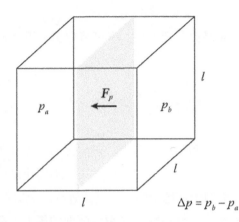

图 1.52　一个大小为$l \times l \times l$的小立方体，压力差为Δp

其中，ρ和a_p是密度和加速度。如果清理上面的等式，则可以得到

$$a_p = -\frac{\Delta p}{\rho l} \tag{1.76}$$

现在，如果我们尽可能地缩小这个立方体的大小，则上面的等式就变成

$$a_p = -\frac{\partial p}{\partial x}\frac{1}{p} \tag{1.77}$$

这个方程试图说明的是，一部分流体的加速度与沿 x 轴的压力差成正比，与流体密度成反比。换句话说，流体在更高的压力对比和更轻的密度下加速得更快。如果将上面的方程推广到三维，则偏导数就变成了梯度

$$a_p = -\frac{\nabla p}{\rho} \tag{1.78}$$

如果将这个由压力梯度产生的加速度累加到式（1.74），就变成

$$a = g - \frac{\nabla p}{\rho} + \cdots \tag{1.79}$$

1.7.3 黏性力

第三种力是黏性力。我们已经在前面的质量弹簧示例中看到了这一点。从模拟来看，阻尼力试图将两点之间的速度差最小化。黏性力属于阻尼力，这是一种使蜂蜜变稠并使其在黏性较低的流体（如水）中以不同方式流动的力。

想象一下，我们正试图用一根细细的吸管搅拌浓稠的稳态流体，以便在流体中的某个点产生峰值速度。现在附近的所有其他点仍然稳定，我们可以看到搅拌点与其相邻点之间的速度差。然后黏性力开始起作用，并试图减小两点之间的速度差。结果，搅拌点的速度耗散到它的邻居。因此，施加黏性力就像模糊速度场一样。

幸运的是，我们已经知道如何 "模糊" 一个场。1.3.5.5 节介绍过拉普拉斯算子，将拉普拉斯算子添加到原始场等于模糊该场。所以可以用该算子来定义黏性力

$$\boldsymbol{v}_{\text{new}} = \boldsymbol{v} + \Delta t \mu \nabla^2 \boldsymbol{v} \qquad (1.80)$$

向量 $\boldsymbol{v}$ 是流体的速度，μ 是一个正的比例常数，它控制我们想要如何添加拉普拉斯滤波速度。类似地，时间间隔 Δt 也乘以拉普拉斯场。向量 $\boldsymbol{v}_{\text{new}}$ 是在这个短的时间间隔 Δt 之后由于黏性力而产生的新速度场。如果将 $\boldsymbol{v}$ 和 Δt 移动到等式的左侧，则变为

$$\frac{\boldsymbol{v}_{\text{new}} - \boldsymbol{v}}{\Delta t} = \mu \nabla^2 \boldsymbol{v} \qquad (1.81)$$

如果 Δt 很小，左边就变成加速度，因为速度的时间导数就是加速度，左边就是 Δt 趋近于零时的导数。所以式（1.81）最终变为

$$\boldsymbol{a}_v = \mu \nabla^2 \boldsymbol{v} \qquad (1.82)$$

最后，我们收集了流体动力学的 3 个主导力（当然是在人类尺度上），最终的加速度变为

$$\boldsymbol{a} = \boldsymbol{g} - \frac{\nabla p}{\rho} + \mu \nabla^2 \boldsymbol{v} \qquad (1.83)$$

1.7.4　密度约束

之前提到过，在为流体设置动画时，我们需要一个约束条件，那就是密度守恒。换句话说，我们正在处理的流体是不可压缩的。想象一个充满空气的双面活塞，如图 1.53 所示。一旦推动或拉动活塞的一端，它会立即推动或拉动另一侧，因为活塞内的空气试图保持其密度。请注意，密度保持不变意味着体积也保持不变，因为空气质量将在活塞内保持不变。为了用方程表示这些特征，可以写成

$$\rho = \rho_c \tag{1.84}$$

及

$$\nabla \cdot v = 0 \tag{1.85}$$

第一个方程很简单——密度是常数，那下一个等式呢？

由 1.3.5.3 节的图 1.23 可知，零散度意味着一小部分流体没有向内或向外流动。类似的图示可以在图 1.53 中找到。因此，这个简单的方程式$\nabla \cdot v = 0$意味着密度对于流体的每一部分都保持不变。

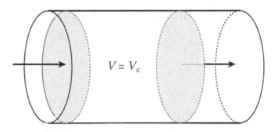

$$V = V_c$$

图 1.53　活塞之间气缸内的体积为 V，如果流体不可压缩并且活塞的一侧受到挤压或拉动，则活塞的另一侧会立即移动并保持密度

现在，我们不得不承认这是一个理想的假设，在现实世界中，流体确实会被压缩或膨胀一点。如果流体涉及热力学，比如在汽油引擎内部，即使在日常生活中，压缩或膨胀也会变得非常明显，这是人类尺度的现象。尽管如此，对于我们的流体引擎，针对大多数真实情况（例如水溅、碎波或喷泉）做出这样的假设仍然是安全的。如果我们想要处理显著压缩或膨胀的东西以便用眼睛观察，则将其视为一种特殊情况。

总之，描述流体运动的方程式可以写成

$$a = g - \frac{\nabla p}{\rho} + \mu \nabla^2 v$$

$$\nabla \cdot v = 0$$

这是物理学中最著名的方程之一——不可压缩流的 Navier-Stokes 方程。对于一些读者来说，方程式可能会让人不知所措，这是非常正常的。但是，如果我们尝试将方程分解为单独的项，则会注意到信息相对简单——重力、压力、黏性力和密度守恒使流体流动。如果遵循与 1.6.2 节相同的过程，则下一步将是将这 3 个力应用于流体状态并执行时间积分。定义流体状态的数据结构有多种选择，力计算和时间积分的实际实现将根据我们采用的方法而有所不同。本书介绍了两种不同的数据结构——粒子和网格。这两种方法在解释流体方面有着截然不同的观点，并且各有利弊。在接下来的章节中，我们将介绍如何使用粒子和网格构建流体引擎。

第 2 章

基于粒子的模拟方法

2.1　像修拉一样看世界

图 2.1　乔治·修拉于 1884 年在 La Grande Jatte 岛上度过的一个星期天下午[31]

　　乔治·修拉（Georges Seurat）是最著名的画家之一，以独特的绘画风格而著称。如图 2.1 所示，他使用了一种被称为点画法的技术，该技术使用许多小点来构造图像。每个圆点都有自己的圆形颜色，但从远处看，La Grande Jatte 岛上出现了一个美丽的星期天下午。他用点绘制图像的技术启发了许多艺术家,他看待世界的方式也与我们想要描述虚拟物理世界的方式有着深刻的联系。

在人眼尺度中,流体是连续的物质。流体不像沙子那样可以分解成"合理"的可数的元素。我们可以深入流体的分子水平,但如果想象一小杯水里有多少分子、计算机有多少内存,我们很快就会意识到,从微观层面模拟流体是不切实际的。因此,我们需要用有限的数据点来近似真实的物理世界,就像画家用许多但数量可计算的点来绘制他的杰作一样。

有许多不同的方法可以用一组点来离散流体的体积。有些方法使用粒子,有些方法使用网格,甚至还有结合不同离散化技术的混合方式。基于粒子的方法像修拉一样看待世界。它用分散的粒子将世界离散化,它们自由分布,没有任何结构。相反,基于网格的方法更像是数字位图图像,它是结构化的,每个数据点都相互连接。基于粒子的方法通常被归类为拉格朗日框架——一种通过遵循流体块(例如粒子)来求解流体运动的框架。相反,我们在下一章介绍的基于网格的方法被称为欧拉框架——一种从固定网格点观察流体流动的框架。这两种方法各有利弊,我们将在整本书中讨论它们的特点。

在本章中,我们将介绍基于粒子的方法,包括如何定义数据结构、设计求解器,以及实现动力学计算。

2.2 数据结构

在本节中,我们将介绍用粒子模拟流体的核心数据结构。首先介绍如何存储粒子集合。然后介绍如何在任意随机位置找到附近的粒子并构建粒子网络,以便计算粒子之间的相互作用。

2.2.1 粒子系统数据

如 1.6 节所述,构建物理动画引擎从定义动画状态及其数据结构开始。基于粒子的引擎的关键元素显然是粒子,就像 1.6.2 节中的质点一样,粒子状态包括位置、速度和力。所以可以将 Particle3 结构写成:

```
1 struct Particle3 {
2    Vector3D position;
3    Vector3D velocity;
4    Vector3D force;
5 };
```

结构的名称以 3 结尾，表示这是一个三维粒子。由于我们想要很多粒子，因此可以用一个粒子数组来定义粒子集：

```
1 typedef std::vector<Particle3> ParticleSet3;
```

这种表现形式被称为结构数组（AOS），因为它是 Particle3 结构数组。或者，可以将相同的数据重写为：

```
1 struct ParticleSet3 {
2    std::vector<double> positionsX, positionsY, positionsZ;
3    std::vector<double> velocitiesX, velocitiesY, velocitiesZ;
4    std::vector<double> forcesX, forcesY, forcesZ;
5 };
```

这种表示形式被称为数组结构（SOA），因为从字面上看，它是数组结构。一般来说，AOS 和 SOA 之间的选择取决于性能，例如内存访问模式和计算的向量化[16]。该决定也基于代码设计，因为它直接影响如何从代码访问数据。

在本书中，我们将采用类似 SOA 的方法：

```
1 struct ParticleSet3 {
2    std::vector<Vector3D> positions;
3    std::vector<Vector3D> velocities;
4    std::vector<Vector3D> forces;
5 };
```

由于通常同时访问 x、y 和 z 分量，因此代码将它们组合在一起以避免缓存未命中。然而，由于不同的模拟器可能需要一组不同的属性，因此每个属性都被定义为一个单独的向量。说到不同的属性，我们希望它足够灵活，以便可以动态地为粒子赋予属性。例如，一些粒子求解器可能只需要计算位置、速度和力。但如前所述，其他一些求解器可能需要更多属性。为了开发可扩展结构，我们定义一个名为 ParticleSystemData3 的新类，它具有以下接口：

```
1 class ParticleSystemData3 {
2  public:
3    typedef std::vector<Vector3D> VectorArray;
4
5    ParticleSystemData3();
```

```
6       virtual ~ParticleSystemData3();
7
8       void resize(size_t newNumberOfParticles);
9       size_t numberOfParticles() const;
10
11      const Vector3D* const positions() const;
12      const Vector3D* const velocities() const;
13      const Vector3D* const forces() const;
14
15      void addParticle(
16          const Vector3D& newPosition,
17          const Vector3D& newVelocity = Vector3D(),
18          const Vector3D& newForce = Vector3D());
19      void addParticles(
20          const VectorArray& newPositions,
21          const VectorArray& newVelocities = VectorArray(),
22          const VectorArray& newForces = VectorArray());
23
24  private:
25      VectorArray _positions;
26      VectorArray _velocities;
27      VectorArray _forces;
28  };
```

本节将不介绍所有成员函数的实现细节。可以查看 `src/jet/particle_system_data3.cpp` 以了解实际实现的代码是如何编写的。

为了使这段代码更通用，以便可以添加任何自定义粒子属性数据（位置、速度和力除外），可以按以下方式更新代码：

```
1 class ParticleSystemData3 {
2   public:
3       ...
4
5       size_t addScalarData(double initialVal = 0.0);
6
7       size_t addVectorData(const Vector3D& initialVal = Vector3D());
8
9       ConstArrayAccessor1<double> scalarDataAt(size_t idx) const;
10
11      ArrayAccessor1<double> scalarDataAt(size_t idx);
12
13      ConstArrayAccessor1<Vector3D> vectorDataAt(size_t idx) const;
14
15      ArrayAccessor1<Vector3D> vectorDataAt(size_t idx);
```

```
16
17  private:
18      ...
19
20      std::vector<ScalarData> _scalarDataList;
21      std::vector<VectorData> _vectorDataList;
22 };
```

例如，SDK 用户想要添加"生命"属性，让粒子在一定时间后消失，可以使用 addScalarData。此函数将返回数据的索引，稍后可以使用 scalarDataAt 函数访问数据。同样的想法适用于函数 addVectorData 和 vectorDataAt，它们用于添加自定义向量属性数据，例如三维纹理坐标。

2.2.2　粒子系统案例

为了演示如何使用之前讨论的数据布局制作粒子系统求解器，我们将构建一个简单的粒子系统求解器，它也将成为其他模拟器的基础求解器。该模拟器模拟一个不考虑粒子间相互作用的粒子系统，仅考虑重力或风/阻力等外力。尽管如此，这在模拟二次喷射效果时还是很有用的。

首先从下面的脚手架代码开始：

```
1 class ParticleSystemSolver3 : public PhysicsAnimation {
2   public:
3       ParticleSystemSolver3();
4
5       virtual ~ParticleSystemSolver3();
6
7       ...
8
9   protected:
10      void onAdvanceTimeStep(double timeIntervalInSeconds) override;
11
12      virtual void accumulateForces(double timeStepInSeconds);
13
14      void resolveCollision();
15
16      ...
17
18  private:
19      ParticleSystemData3Ptr _particleSystemData;
20      ...
```

```
21
22      void beginAdvanceTimeStep();
23
24      void endAdvanceTimeStep();
25
26      void timeIntegration(double timeIntervalInSeconds);
27 };
28
29 ParticleSystemSolver3::ParticleSystemSolver3() {
30      _particleSystemData = std::make_shared<ParticleSystemData3>();
31      _wind = std::make_shared<ConstantVectorField3>(Vector3D());
32 }
33
34 ParticleSystemSolver3::~ParticleSystemSolver3() {
35 }
36
37 void ParticleSystemSolver3::onAdvanceTimeStep(double timeIntervalInSeconds) {
38      beginAdvanceTimeStep();
39
40      accumulateForces(timeIntervalInSeconds);
41      timeIntegration(timeIntervalInSeconds);
42      resolveCollision();
43
44      endAdvanceTimeStep();
45 }
46
47 ...
```

从上面的代码可以看出，所有物理逻辑都将在 ParticleSystemSolver3 中
实现，而 ParticleSystemData3 实例将成为数据模型。由于
ParticleSystemSolver3 继承了 PhysicsAnimation 类，因此我们也覆盖了
onAdvanceTimeStep 函数。如果对此不熟悉，请参阅第 1.6 节。onAdvanceTimeStep
函数接收单个时间步长并在给定时间间隔内推进模拟。在该函数中，我们可以看
到有预处理和后处理两个函数（ beginAdvanceTimeStep 和
endAdvanceTimeStep ）。在这两个函数之间，有计算力、时间积分和碰撞的 3 个
核心子程序。这些步骤与 1.6.2 节中的质量弹簧示例具有相同的结构。请注意，
accumulateForces 是一个可以被子类覆盖的虚函数。那是因为根据我们采用的
物理模型，力是不同的。但是其他函数是可以从子类调用的非虚保护函数。

同样，新特性的实现与质量弹簧示例（ 1.6.2 节）非常相似。先来看
accumulateForces 和 accumulateExternalForces 。

```
1  class ParticleSystemSolver3 : public PhysicsAnimation {
2      ...
3  private:
4      double _dragCoefficient = 1e-4;
5      Vector3D _gravity = Vector3D(0.0, -9.8, 0.0);
6      VectorField3Ptr _wind;
7
8      ...
9  };
10
11 void ParticleSystemSolver3::accumulateForces(double timeStepInSeconds) {
12     accumulateExternalForces();
13 }
14
15 void ParticleSystemSolver3::accumulateExternalForces() {
16     size_t n = _particleSystemData->numberOfParticles();
17     auto forces = _particleSystemData->forces();
18     auto velocities = _particleSystemData->velocities();
19     auto positions = _particleSystemData->positions();
20     const double mass = _particleSystemData->mass();
21
22     parallelFor(
23         kZeroSize,
24         n,
25         [&] (size_t i) {
26             // 重力
27             Vector3D force = mass * _gravity;
28
29             // 风力
30             Vector3D relativeVel
31                 = velocities[i] - _wind->sample(positions[i]);
32             force += -_dragCoefficient * relativeVel;
33
34             forces[i] += force;
35         });
36 }
```

accumulateForces 是一个虚函数，它聚合了粒子在当前时间步长内将获得的所有力。如前所述，此示例求解器将仅考虑外力。因此，该函数调用子函数 accumulateExternalForces。稍后，accumulateForces 将有一系列函数调用，用于累积流体将经历的各种力。函数 accumulateForces 接收此时未使用的函数参数 timeIntervalInSeconds。我们为将来的任何潜在用户都保留参数。

继续进行 accumulateExternalForces，可以看到我们正在将重力和阻力添加到力数组中。空气阻力与 1.6.2 节中讨论的相同：获取周围空气的相对速度，对其进行缩放，然后在与粒子运动相反的方向上应用向量。读者可能想知道 parallelFor 在做什么，它是一个辅助函数，在给定范围内使用多线程执行给定函数对象。

　　现在来看其余代码是如何实现的。可以像下面这样实现时间积分和碰撞处理函数：

```
1 class ParticleSystemSolver3 : public PhysicsAnimation {
2     ...
3   private:
4     ...
5
6       ParticleSystemData3::VectorData _newPositions;
7       ParticleSystemData3::VectorData _newVelocities;
8       Collider3Ptr _collider;
9       VectorField3Ptr _wind;
10
11     ...
12 };
13
14 void ParticleSystemSolver3::timeIntegration(double timeIntervalInSeconds) {
15     size_t n = _particleSystemData->numberOfParticles();
16     auto forces = _particleSystemData->forces();
17     auto velocities = _particleSystemData->velocities();
18     auto positions = _particleSystemData->positions();
19     const double mass = _particleSystemData->mass();
20
21     parallelFor(
22         kZeroSize,
23         n,
24         [&] (size_t i) {
25             //先对速度进行积分
26             Vector3D& newVelocity = _newVelocities[i];
27             newVelocity = velocities[i]
28                 + timeIntervalInSeconds * forces[i] / mass;
29
30             //再对位置进行积分
31             Vector3D& newPosition = _newPositions[i];
32             newPosition = positions[i] + timeIntervalInSeconds *newVelocity;
33         });
34 }
35
36 void ParticleSystemSolver3::resolveCollision() {
```

```
37    resolveCollision(
38        _particleSystemData->positions(),
39        _particleSystemData->velocities(),
40        _newPositions.accessor(),
41        _newVelocities.accessor());
42 }
43
44 void ParticleSystemSolver3::resolveCollision(
45    const ConstArrayAccessor1<Vector3D>& positions,
46    const ConstArrayAccessor1<Vector3D>& velocities,
47    ArrayAccessor1<Vector3D> newPositions,
48    ArrayAccessor1<Vector3D> newVelocities) {
49    if (_collider != nullptr) {
50        size_t numberOfParticles
51            = _particleSystemData->numberOfParticles();
52        const double radius = _particleSystemData->radius();
53
54        parallelFor(
55            kZeroSize,
56            numberOfParticles,
57            [&] (size_t i) {
58                _collider->resolveCollision(
59                    newPositions[i],
60                    newVelocities[i],
61                    radius,
62                    _restitutionCoefficient,
63                    &newPositions[i],
64                    &newVelocities[i]);
65            });
66    }
67 }
```

函数 timeIntegration 也与 1.6.2 节中讨论的非常相似。它接收最终的力数组，计算加速度，然后对速度和位置进行积分。请注意，我们不会将更改直接应用于_particleSystemData 中的位置和速度数组，因为数据将由 resolveCollision 进行后处理，并且在此过程中，我们需要当前数据和新数据。因此，我们通过为缓冲区_newPositions 和_newVelocities 赋予新值来保持当前状态和新状态。说到碰撞，实际的碰撞处理是在 Collider3 实例的_collider 中抽象出来的，碰撞器端函数 Collider3::resolveCollision 将在 2.5 节中介绍。现在我们将其视为黑盒，但可以看到有一个包装函数 ParticleSystemSolver3::resolveCollision，它并行处理每个粒子的碰撞。请注意，在 ParticleSystemSolver3::resolveCollision 中有另一个层，它接收任意位置和速度数组。如果子类想要在自定义状态下执行碰撞处理（请参阅 2.4 节），则此附加层会很有用。

最后通过实现代码的预处理和后处理部分来结束我们的示例。

```
1  void ParticleSystemSolver3::beginAdvanceTimeStep() {
2      //分配内存缓冲区
3      size_t n = _particleSystemData->numberOfParticles();
4      _newPositions.resize(n);
5      _newVelocities.resize(n);
6
7      //清除旧的力
8      auto forces = _particleSystemData->forces();
9      setRange1(forces.size(), Vector3D(), &forces);
10
11     onBeginAdvanceTimeStep();
12 }
13
14 void ParticleSystemSolver3::endAdvanceTimeStep() {
15     //更新数据
16     size_t n = _particleSystemData->numberOfParticles();
17     auto positions = _particleSystemData->positions();
18     auto velocities = _particleSystemData->velocities();
19     parallelFor(
20         kZeroSize,
21         n,
22         [&] (size_t i) {
23             positions[i] = _newPositions[i];
24             velocities[i] = _newVelocities[i];
25         });
26
27     onEndAdvanceTimeStep();
28 }
```

对于预处理 beginAdvanceTimeStep，我们为时间积分和碰撞处理所需的 _newPositions 和_newVelocities 分配内存。此外，通过设置零来清除力数组，以便累积不同的力。对于后处理，我们使用缓冲区更新位置和速度状态以完成时间步长。对于这两个回调函数 onBeginAdvanceTimeStep 和 onEndAdvanceTimeStep，可以被子类覆盖以执行额外的预处理和后处理。

到目前为止，我们已经介绍了如何使用 ParticleSystemData3 构建模拟器。图 2.2 显示了求解器的示例结果，生成动画的示例代码可以在 src/tests/manual_tests/particle_system_solver3_tests.cpp 中找到。同样，此基础模拟器不考虑粒子与粒子的相互作用。在下一节中，我们将介绍需要哪些额外的数据结构来使粒子相互作用。

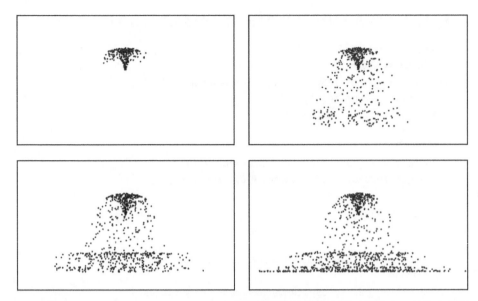

图 2.2   使用 ParticleSystemSolver3 进行喷雾模拟的图像；粒子从像喷泉一样的点发射；
当与地板碰撞时，粒子弹起

2.2.3   邻居搜索

在基于粒子的模拟中，最常见的运算是为给定位置查找附近的粒子。在 1.6.2
节的质量弹簧示例中，我们预定义了两个带边的质点之间的连通性。形成这样的
网格是可能的，因为系统的连接性不会随时间变化。我们还可以构造一个具有初
始连通性的粒子集。然而，由于流体的性质，粒子所代表的体积可能会被破坏、
合并或从原始形状产生巨大变形。因此，连通性将随时间变化，需要对每个时间
步长都进行连续更新。我们将在本节中介绍的邻居搜索数据结构和算法的目的是
加速此类基于位置的查询，并缓存粒子与其邻居之间的连接。

2.2.3.1   搜索附近的粒子

从给定位置搜索附近粒子的一种特殊方法是遍历整个粒子数组并查看粒子
是否位于给定搜索半径内。该算法具有 $O(N^2)$ 时间复杂度，显然，我们需要更好的
方法。

一种常用的加速邻居搜索的算法是哈希算法。哈希算法根据粒子的位置将粒

子映射到一个由桶组成的网格中，桶的大小等于搜索区域的直径。映射由空间哈希函数确定，该函数可以将三维坐标转换为桶索引。现在每当有搜索查询进来时，查询位置也可以被哈希以找到相应的桶。我们可以查看附近的桶，看这些桶中存储的粒子是否在搜索半径内。其他所有的桶都不需要测试，因为很明显那些桶中的粒子在搜索范围之外。图 2.3 更直观地说明了该过程。要实现哈希算法和桶数据结构，首先来看邻居搜索类的接口应该是什么样子的：

```
1 class PointNeighborSearcher3 {
2   public:
3       typedef std::function<void(size_t, const Vector3D&)>
4           ForEachNearbyPointFunc;
5
6       PointNeighborSearcher3();
7       virtual ~PointNeighborSearcher3();
8
9       virtual void build(const ConstArrayAccessor1<Vector3D>& points) = 0;
10
11      virtual void forEachNearbyPoint(
12          const Vector3D& origin,
13          double radius,
14          const ForEachNearbyPointFunc& callback) const = 0;
15      };
```

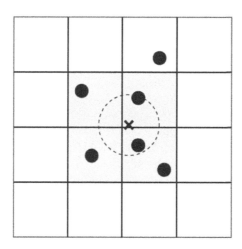

图 2.3　使用哈希网格数据结构的邻居搜索；当从虚线圆圈表示的半径内的×标记位置查找附近的点时，仅查找重叠的网格单元（灰色）；然后测试在 4 个网格单元中注册的点是否在圆内

　　这段代码是邻居搜索类的基类，假设可以有多个搜索算法的实现。该类使用"点"一词而不是粒子，因为我们不想将此类用例仅限于粒子，而是希望拥有更

通用的 API，可用于任何其他涉及空间的点搜索。基类有两个虚函数要重写，一个用来构建内部数据结构，一个用来查找附近的点。虚函数 build 将点数组及其大小作为输入参数。如果在半径范围内有靠近原点的点，则查询函数 forEachNearbyPoint 调用给定的回调函数。回调函数中的两个参数是附近点的索引和位置。

为了实现哈希算法，我们将继承基类并添加特定于哈希的成员。如图 2.3 所示，构建桶网格的输入参数可以是网格分辨率和网格大小。对于每个桶，我们将存储落入桶中的点的索引。现在哈希的类接口可以写成：

```
1  class PointHashGridSearcher3 final : public PointNeighborSearcher3 {
2    public:
3      PointHashGridSearcher3(const Size3& resolution, double gridSpacing);
4      PointHashGridSearcher3(
5          size_t resolutionX,
6          size_t resolutionY,
7          size_t resolutionZ,
8          double gridSpacing);
9
10     void build(const ConstArrayAccessor1<Vector3D>& points) override;
11
12     void forEachNearbyPoint(
13         const Vector3D& origin,
14         double radius,
15         const ForEachNearbyPointFunc& callback) const override;
16
17     ...
18
19   private:
20     double _gridSpacing = 1.0;
21     Point3I _resolution = Point3I(1, 1, 1);
22     std::vector<Vector3D> _points;
23     std::vector<std::vector<size_t>> _buckets;
24
25     ...
26 };
```

从上面的构造函数开始，可以通过提供网格的分辨率和间距来初始化类实例。

然后，有两个公共函数覆盖了基类中的虚函数。对于成员数据，该类存储网格形状信息及桶。此外，它还保留传递给函数 forEachNearbyPoint 的点的副本。函数 build 的实现非常简单：

```
1  void PointHashGridSearcher3::build(
2      const ConstArrayAccessor1<Vector3D>& points) {
3      _buckets.clear();
4      _points.clear();
5
6      if (points.size() == 0) {
7          return;
8      }
9
10     //分配内存块
11     _buckets.resize(_resolution.x * _resolution.y * _resolution.z);
12     _points.resize(points.size());
13
14     //将点放入桶中
15     for (size_t i = 0; i < points.size(); ++i) {
16         _points[i] = points[i];
17         size_t key = getHashKeyFromPosition(points[i]);
18         _buckets[key].push_back(i);
19     }
20 }
```

这段代码的关键部分在最后几行。在最后的 for 循环中，我们注意到，一个点被传递给成员函数 getHashKeyFromPosition，它返回相应的哈希键。可以选择将点的坐标映射到整数键值的任意哈希函数，但最好在空间上分散映射，以便桶内的点数尽可能相似。可参见 Ihmsen 等人[55]关于哈希函数的更多讨论。一旦确定了哈希键，就将该点的索引添加到相应的桶中。可以像下面这样实现成员函数 getHashKeyFromPosition 和必要的辅助函数：

```
1  Point3I PointHashGridSearcher3::getBucketIndex(const Vector3D& position) const
{
2      Point3I bucketIndex;
3      bucketIndex.x = static_cast<ssize_t>(
4          std::floor(position.x / _gridSpacing));
5      bucketIndex.y = static_cast<ssize_t>(
6          std::floor(position.y / _gridSpacing));
7      bucketIndex.z = static_cast<ssize_t>(
8          std::floor(position.z / _gridSpacing));
9      return bucketIndex;
10 }
11
12 size_t PointHashGridSearcher3::getHashKeyFromPosition(
13     const Vector3D& position) const {
14     Point3I bucketIndex = getBucketIndex(position);
15     return getHashKeyFromBucketIndex(bucketIndex);
```

```
16 }
17
18 size_t PointHashGridSearcher3::getHashKeyFromBucketIndex(
19    const Point3I& bucketIndex) const {
20    Point3I wrappedIndex = bucketIndex;
21    wrappedIndex.x = bucketIndex.x % _resolution.x;
22    wrappedIndex.y = bucketIndex.y % _resolution.y;
23    wrappedIndex.z = bucketIndex.z % _resolution.z;
24    if (wrappedIndex.x < 0) { wrappedIndex.x += _resolution.x; }
25    if (wrappedIndex.y < 0) { wrappedIndex.y += _resolution.y; }
26    if (wrappedIndex.z < 0) { wrappedIndex.z += _resolution.z; }
27    return static_cast<size_t>(
28       (wrappedIndex.z * _resolution.y + wrappedIndex.y) * _resolution.x
29       + wrappedIndex.x);
30 }
```

从代码中可以看出，函数 `getBucketIndex` 将输入位置转换为与网格单元 (x, y, z) 处的桶对应的整数坐标。但是，它是一个虚构的坐标，如果它位于网格之外，就会被除余。然后将除余的坐标哈希映射为单个整数，此代码中的哈希函数只是将三维整数坐标映射到一维索引，就好像体积网格被映射到线性数组一样。同样，图 2.3 显示了这种哈希的工作原理。

一旦桶被初始化，我们就可以使用这个类来查询邻居搜索。对于给定的查询位置，它首先寻找哪些桶与搜索球体（或二维空间中的圆）重叠。对于三维空间，将有 8 个重叠的桶；对于二维空间，将有 4 个。然后，代码对每个重叠的桶都进行迭代，以测试桶内的点是否位于搜索半径内。下面的代码实现了这些步骤：

```
1 void PointHashGridSearcher3::forEachNearbyPoint(
2    const Vector3D& origin,
3    double radius,
4    const std::function<void(size_t, const Vector3D&)>& callback) const {
5    if (_buckets.empty()) {
6       return;
7    }
8
9    size_t nearbyKeys[8];
10   getNearbyKeys(origin, nearbyKeys);
11
12   const double queryRadiusSquared = radius * radius;
13
14   for (int i = 0; i < 8; i++) {
15      const auto& bucket = _buckets[nearbyKeys[i]];
16      size_t numberOfPointsInBucket = bucket.size();
```

```
17
18      for (size_t j = 0; j < numberOfPointsInBucket; ++j) {
19          size_t pointIndex = bucket[j];
20          double rSquared
21              = (_points[pointIndex] - origin).lengthSquared();
22          if (rSquared <= queryRadiusSquared) {
23              callback(pointIndex, _points[pointIndex]);
24          }
25      }
26  }
27 }
28
29 void PointHashGridSearcher3::getNearbyKeys(
30   const Vector3D& position,
31   size_t* nearbyKeys) const {
32   Point3I originIndex
33   = getBucketIndex(position), nearbyBucketIndices[8];
34
35   for (int i = 0; i < 8; i++) {
36       nearbyBucketIndices[i] = originIndex;
37   }
38
39   if ((originIndex.x + 0.5f) * _gridSpacing <= position.x) {
40       nearbyBucketIndices[4].x += 1; nearbyBucketIndices[5].x += 1;
41       nearbyBucketIndices[6].x += 1; nearbyBucketIndices[7].x += 1;
42   } else {
43       nearbyBucketIndices[4].x -= 1; nearbyBucketIndices[5].x -= 1;
44       nearbyBucketIndices[6].x -= 1; nearbyBucketIndices[7].x -= 1;
45   }
46
47   if ((originIndex.y + 0.5f) * _gridSpacing <= position.y) {
48       nearbyBucketIndices[2].y += 1; nearbyBucketIndices[3].y += 1;
49       nearbyBucketIndices[6].y += 1; nearbyBucketIndices[7].y += 1;
50   } else {
51       nearbyBucketIndices[2].y -= 1; nearbyBucketIndices[3].y -= 1;
52       nearbyBucketIndices[6].y -= 1; nearbyBucketIndices[7].y -= 1;
53   }
54
55   if ((originIndex.z + 0.5f) * _gridSpacing <= position.z) {
56       nearbyBucketIndices[1].z += 1; nearbyBucketIndices[3].z += 1;
57       nearbyBucketIndices[5].z += 1; nearbyBucketIndices[7].z += 1;
58   } else {
59       nearbyBucketIndices[1].z -= 1; nearbyBucketIndices[3].z -= 1;
60       nearbyBucketIndices[5].z -= 1; nearbyBucketIndices[7].z -= 1;
61   }
62
```

```
63     for (int i = 0; i < 8; i++) {
64         nearbyKeys[i] = getHashKeyFromBucketIndex(nearbyBucketIndices[i]);
65     }
66 }
```

请注意，函数 getNearbyKeys 通过检查输入位置在桶内相对于立方体中心的位置来确定哪些桶与搜索范围重叠。

2.2.3.2 缓存邻居

到目前为止，我们构建的数据结构对于搜索任何随机输入位置的附近点都是有效的。但是基于粒子的动画的一个常见用例是为给定粒子迭代相邻粒子。在这种情况下，缓存附近的粒子并创建一个邻居数组（如图 2.4 所示）会更有效，而不是对循环中的每一步都运行桶搜索。下面的代码演示了如何在 ParticleSystemData3 类中构建邻居数组：

```
1  class ParticleSystemData3 {
2    public:
3        ...
4
5        void buildNeighborSearcher(double maxSearchRadius);
6        void buildNeighborLists(double maxSearchRadius);
7
8    private:
9        ...
10
11       PointNeighborSearcher3Ptr _neighborSearcher;
12       std::vector<std::vector<size_t>> _neighborLists;
13 };
14
15 void ParticleSystemData3::buildNeighborSearcher(double maxSearchRadius) {
16     //默认使用 PointHashGridSearcher3
17     _neighborSearcher = std::make_shared<PointHashGridSearcher3>(
18         kDefaultHashGridResolution,
19         kDefaultHashGridResolution,
20         kDefaultHashGridResolution,
21         2.0 * maxSearchRadius);
22
23     _neighborSearcher->build(positions());
24 }
25
26 void ParticleSystemData3::buildNeighborLists(double maxSearchRadius) {
27     _neighborLists.resize(numberOfParticles());
28
```

```
29    auto points = positions();
30    for (size_t i = 0; i < numberOfParticles(); ++i) {
31        Vector3D origin = points[i];
32        _neighborLists[i].clear();
33
34        _neighborSearcher->forEachNearbyPoint(
35            origin,
36            maxSearchRadius,
37            [&](size_t j, const Vector3D&) {
38                if (i != j) {
39                    _neighborLists[i].push_back(j);
40                }
41            });
42    }
43 }
```

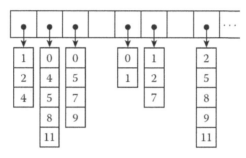

图 2.4　邻居数组数据结构的图示
它由点索引数组表示，例如点 0 的邻居是点 1、2 和 4

2.3　光滑粒子法

用粒子表示流体的最流行方法之一是使用光滑粒子，即光滑粒子流体动力学（SPH）。它是一种用许多粒子划分流体的方法，单个粒子代表体积的一小部分。之所以称"光滑"，是因为该方法模糊了粒子的边界，获得了物理量的光滑分布。如图 2.5 所示，它就像一个喷枪。请注意，光滑的想法允许使用有限数量的模糊点"绘制"区域，这意味着可以使用光滑的函数曲线填充粒子之间的间隙。对于少量的点或颗粒，我们需要更大的喷枪喷嘴。有了更多的粒子，较小的点就足以填充空白。这个特性很重要，因为它将有限的数据点变成了一个连续的场；请记住，我们的计算资源有限，而流体是连续的材料。此外，一旦可以计算场中任意点的值（或使用我们的绘画类比的颜色），我们也可以定义计算流体运动所需的数学算子，例如梯度或拉普拉斯算子。

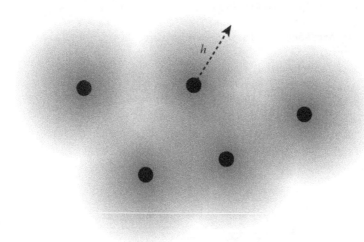

图 2.5　光滑粒子的插图

每个粒子都有其影响半径h，赋予粒子的任何值都会在该范围内进行模糊操作

　　SPH 方法最初由 Monaghan[86]引入天体物理学界，并在计算流体动力学领域得到积极研究[87]。不久之后，计算机动画开始采用 SPH[34,89]思想，已成为 RealFlow[3]等商业产品的核心框架之一。在本书中，我们还将使用 SPH 框架作为主要的基于粒子的模拟引擎。

2.3.1　基础

　　本节将介绍基本的 SPH 算子及其代码，包括插值、梯度和拉普拉斯算子，它们都是实现基于 SPH 的流体模拟的基本构建块。

2.3.1.1　核函数

　　在 SPH 中，我们将使用"核函数"来描述"光滑度"。当给定一个粒子位置时，此核函数会赋予存储在附近粒子中的所有值，如图 2.6 所示。从粒子的中心点开始，随着与中心的距离达到核函数半径，函数逐渐减少为零。对于使用许多粒子的高分辨率模拟，半径通常设置得较小。对于粒子数量较少的粗略模拟，我们使用较大的半径。在这种情况下，核函数的峰值也会发生变化，但函数下方的面积保持不变，即 1，如图 2.6 所示。

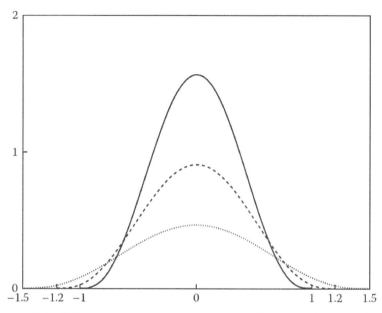

图 2.6　具有不同半径-1.0、1.2 和 1.5 的核函数；随着半径的增加，最大值减小

我们可以使用任何积分为 1，并且随着离中心点越来越远，单调衰减到 0 的函数。例如

$$W_{\mathrm{std}}(r) = \frac{315}{64\pi h^3}\begin{cases}(1-\dfrac{r^2}{h^2})^3 & 0\leqslant r\leqslant h \\ 0 & \text{其他}\end{cases} \qquad (2.1)$$

式（2.1）是流行的三维核函数之一，由 Müller 等人[89]首先提出。根据 Adams 和 Wicke[7]中的示例代码，核函数的代码可以写成：

```
1 struct SphStdKernel3 {
2    double h, h2, h3;
3
4    SphStdKernel3();
5
6    explicit SphStdKernel3(double kernelRadius);
7
8    SphStdKernel3(const SphStdKernel3& other);
9
10   double operator()(double distance) const;
11
12   ...
```

```
13 };
14
15 inline SphStdKernel3::SphStdKernel3()
16     : h(0), h2(0), h3(0) {}
17
18 inline SphStdKernel3::SphStdKernel3(double kernelRadius)
19     : h(kernelRadius), h2(h*h), h3(h2*h) {}
20
21 inline double SphStdKernel3::operator()(double distance) const {
22     if (distance*distance >= h2) {
23         return 0.0;
24     } else {
25         double x = 1.0 - distance * distance / h2;
26         return 315.0 / (64.0 * kPiD * h3) * x * x * x;
27     }
28 }
```

如前所述，任何有效核函数的积分都应为 1。即

$$\int W(r) = 1 \tag{2.2}$$

我们可以使用上面的积分验证式（2.1），如果想编写自己的核函数，则将需要它。我们还在本书中创建了几个核函数。要了解如何与其他核函数一起计算积分，请参阅附录 B.1。

2.3.1.2 数据模型

现在有了核函数，我们可以计算单个粒子的光滑物理量。下一步是将数据结构扩展到多个粒子。

如果还记得上一节中的 ParticleSystemData3 类，我们可能会同意这是一个很好的起点，因为它存储粒子并具有邻居搜索的能力。因此，我们来扩展该类并添加一些新特性：

```
1 class SphSystemData3 : public ParticleSystemData3 {
2 public:
3     SphSystemData3();
4
5     virtual ~SphSystemData3();
6
7     ConstArrayAccessor1<double> densities() const;
8
9     ArrayAccessor1<double> densities();
```

```
10
11  private:
12      ...
13  };
```

请注意，构造函数正在向系统添加密度数据。我们很快就会发现，许多 SPH 算子都需要密度，因此我们从一开始就保留它。框架代码中还包含几个简单的取值函数。返回类型 **ArrayAccessor1** 和 **ConstArrayAccessor1** 只是简单的一维数组指针包装器，就像一个简单的随机访问迭代器。

在接下来的部分中，我们将继续向此类添加更多特性。与 2.2.2 节中的粒子系统示例类似，我们把数据模型与物理分离。因此，大部分与数据计算相关的特性将在 **SphSystemData3** 中实现，而与动力学相关的特性将在不同的类中实现，该类将继承上一节的 **ParticleSystemSolver3** 类。

2.3.1.3 插值

SPH 插值的基本思想是通过查找附近的粒子来计算任何给定位置的任何物理量。它是一个加权平均值，其中权重是质量乘以核函数除以相邻粒子的密度。这是什么意思呢？看看下面的代码：

```
1  class SphSystemData3 : public ParticleSystemData3 {
2    public:
3        ...
4
5        Vector3D interpolate(
6            const Vector3D& origin,
7            const ConstArrayAccessor1<Vector3D>& values) const;
8        ...
9  };
10
11  Vector3D SphSystemData3::interpolate(
12      const Vector3D& origin,
13      const ConstArrayAccessor1<Vector3D>& values) const {
14      Vector3D sum;
15      auto d = densities();
16      SphStdKernel3 kernel(_kernelRadius);
17
18      neighborSearcher()->forEachNearbyPoint(
19          origin,
20          _kernelRadius,
21          [&] (size_t i, const Vector3D& neighborPosition) {
22              double dist = origin.distanceTo(neighborPosition);
```

```
23          double weight = _mass / d[i] * kernel(dist);
24          sum += weight * values[i];
25      });
26
27   return sum;
28 }
```

对于数据模型 SphSystemData3，我们添加了一个新的公共函数 interpolate。该函数有两个参数：要执行插值的位置（原点）和要插值的值数组（值）。第 i 个值元素对应第 i 个粒子。此外，变量 _kernelRadius 和 _mass 表示核函数半径和粒子质量。假设每个粒子的核函数半径和质量都相同，还可以定义不同的核函数半径和粒子质量，但不会在本书中介绍这些内容。

从函数调用 forEachNearbyPoint 开始，代码迭代附近的点并使用质量、密度和核函数权重计算权重总和。如果不熟悉这一部分，请查看 2.2.3 节的邻居搜索。请注意，质量除以密度 d[i] 即体积。因此，此插值将更多权重赋予更接近原点（kernel(dist)）且体积更大的值。代码也可以用数学表达式来写，即

$$\phi(x) = m \sum_j \frac{\phi_j}{\rho_j} W(x - x_j) \tag{2.3}$$

其中，x、m、ϕ、ρ 和 $W(r)$ 分别是插值的位置、质量、要插值的物理量、密度和核函数。下标 j 表示第 j 个相邻粒子。

2.3.1.4　密度

密度是每个时间步长（或每个 onAdvanceTimeStep 调用）都会发生变化的量，因为粒子的位置会发生变化。因此对于每个时间步长，我们都需要计算更新位置的密度，并将这些值用于其他 SPH 运算。例如，上面的插值函数已经依赖密度。所以实际上，我们必须在任何插值之前计算密度，这也适用于其他算子，如梯度和拉普拉斯算子。为了获得每个粒子的密度，假设我们想要"插值"每个粒子位置的密度。但是，等等，我们不是刚刚讨论过插值需要密度吗？看起来像是无限递归，但让我们试一试。如果我们用插值函数的密度替换值数组，代码可以写成：

```
1 ...
2
3 neighborSearcher()->forEachNearbyPoint(
4     origin,
5     _kernelRadius,
```

```
6      [&](size_t i, const Vector3D& neighborPosition) {
7          double dist = origin.distanceTo(neighborPosition);
8          double weight = _mass / d[i] * kernel(dist);
9          sum += weight * d[i];
10     });
11
12 ...
```

可以进一步简化为：

```
1 ...
2
3 neighborSearcher()->forEachNearbyPoint(
4      origin,
5      _kernelRadius,
6      [&](size_t i, const Vector3D& neighborPosition) {
7          double dist = origin.distanceTo(neighborPosition);
8          double weight = _mass * kernel(dist);
9          sum += weight;
10     });
11
12 ...
```

请注意，密度部分现在不见了！这样就打破了无限循环，我们能够在其他任何事情之前计算密度。因此，计算密度只是每个粒子质量的核加权总和。代码也可以写成等式形式，即

$$\rho(x) = m \sum_j W(x - x_j) \tag{2.4}$$

在 SphSystemData3 中，可以通过实现一个辅助函数 updateDensities 来更新密度：

```
1 class SphSystemData3 : public ParticleSystemData3 {
2  public:
3      ...
4
5      void updateDensities();
6
7      double sumOfKernelNearby(const Vector3D& position) const;
8
9  private:
10     ...
11 };
12
```

```
13  void SphSystemData3::updateDensities() {
14      auto p = positions();
15      auto d = densities();
16
17      parallelFor(
18          kZeroSize,
19          numberOfParticles(),
20          [&](size_t i) {
21              double sum = sumOfKernelNearby(p[i]);
22              d[i] = _mass * sum;
23          });
24  }
25
26  double SphSystemData3::sumOfKernelNearby(const Vector3D& origin) const {
27      double sum = 0.0;
28      SphStdKernel3 kernel(_kernelRadius);
29      neighborSearcher()->forEachNearbyPoint(
30          origin,
31          _kernelRadius,
32          [&] (size_t, const Vector3D& neighborPosition) {
33          double dist = origin.distanceTo(neighborPosition);
34              sum += kernel(dist);
35          });
36      return sum;
37  }
```

因此，要使用插值等 SPH 类型的运算，必须调用函数 updateDensities 来初始化密度场。

2.3.1.5　微分算子

我们现在拥有在 SPH 世界中执行数学计算的基本工具。然而，为了计算流体动力学，我们需要 1.3.5 节中介绍过的微分算子。我们来看如何基于核插值实现梯度和拉普拉斯算子，这是本章中最常用的算子。

1. 梯度

要使用 SPH 粒子计算梯度 ∇f，首先从一个粒子开始。如果有一个粒子，我们知道可以使用 SPH 核函数制作类似高斯的分布，如图 2.7（a）所示。从之前编写的插值代码中，我们知道场可以通过以下方式计算：

```
1result = value * mass / density * kernel(distance);
```

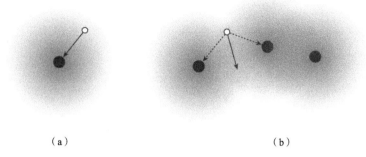

（a）   （b）

图 2.7 （a）具有单个粒子的梯度向量和（b）具有许多粒子的图示
从图像（b）中可以看出，来自两个粒子的梯度向量形成了净梯度粒子

梯度向量的大小与核函数的导数成正比，其方向将指向核函数的中心，如图 2.7（a）所示。因此，可以像下面这样实现计算单粒子梯度的代码：

```
1 result = value * mass / density * kernel.firstDerivative(distance)
*directionToParticle;
```

请注意，插值中的其他所有内容都保持不变，但将核函数的一阶导数而不是核函数本身与从样本位置到粒子中心的方向相乘。可以将新函数 firstDerivative 添加到现有的 SphStdKernel3 类中：

```
1 struct SphStdKernel3 {
2     ...
3     double firstDerivative(double distance) const;
4
5     Vector3D gradient(double distance, const Vector3D& direction) const;
6 };
7
8 inline double SphStdKernel3::firstDerivative(double distance) const {
9    if (distance >= h) {
10       return 0.0;
11   } else {
12       double x = 1.0 - distance*distance / h2;
13       return -945.0 / (32.0 * kPiD * h5) * distance * x * x;
14   }
15 }
16
17 inline Vector3D SphStdKernel3::gradient(
18   double distance,
19   const Vector3D& directionToCenter) const {
20   return -firstDerivative(distance) * directionToCenter;
21 }
```

此代码可以实现式（2.1）的一阶导数和光滑场的梯度。

将想法扩展到多个粒子很容易，如图 2.7（b）所示，只需迭代附近的邻居并添加梯度向量即可。因此，可以编写一个与 interpolate 非常相似的新函数：

```
1 class SphSystemData3 : public ParticleSystemData3 {
2  public:
3    ...
4
5    Vector3D gradientAt(
6      size_t i,
7      const ConstArrayAccessor1<double>& values) const;
8
9  private:
10   ...
11 };
12
13 Vector3D SphSystemData3::gradientAt(
14   size_t i,
15   const ConstArrayAccessor1<double>& values) const {
16   Vector3D sum;
17   auto p = positions();
18   auto d = densities();
19   const auto& neighbors = neighborLists()[i];
20   Vector3D origin = p[i];
21   SphSpikyKernel3 kernel(_kernelRadius);
22
23   for (size_t j : neighbors) {
24     Vector3D neighborPosition = p[j];
25     double dist = origin.distanceTo(neighborPosition);
26     if (dist > 0.0) {
27       Vector3D dir = (neighborPosition - origin) / dist;
28       sum += values[j] * _mass / d[j] * kernel.gradient(dist, dir);
29     }
30   }
31
32   return sum;
33 }
```

新函数 gradientAt 返回给定粒子索引 i 的输入值的梯度。上面的代码等同于下面的等式

$$\nabla \phi(\boldsymbol{x}) = m \sum_j \frac{\phi_j}{\rho_j} \nabla W\left(|\boldsymbol{x} - \boldsymbol{x}_j|\right) \tag{2.5}$$

　　然而，梯度的这种实现是不对称的。这意味着从两个附近的粒子计算出的相对于彼此的梯度可能不同。例如，假设系统中只有两个粒子，看看代码或方程的返回值是多少。如果粒子具有不同的ϕ（或值）和密度，则可能会使梯度向量的大小不同。如果我们计算此梯度的力，则可能会成为问题。非对称梯度意味着将根据我们正在观察的粒子施加两种不同大小的力，这将违反牛顿第三运动定律——对于每一个作用力，都有一个大小相等且方向相反的作用力。

　　为了处理这个问题，已经有不同版本的梯度实现[86,89,7]。最常用的方法之一即

$$\nabla \phi(\boldsymbol{x}) = \rho_i m \sum_j \left(\frac{\phi_i}{\rho_i^2} + \frac{\phi_j}{\rho_j^2} \right) \nabla W \left(|\boldsymbol{x} - \boldsymbol{x}_j| \right) \tag{2.6}$$

并且也可以将之前的部分代码用下面这段代码进行替换：

```
1 Vector3D SphSystemData3::gradientAt(
2     size_t i,
3     const ConstArrayAccessor1<double>& values) const {
4     Vector3D sum;
5     auto p = positions();
6     auto d = densities();
7     const auto& neighbors = neighborLists()[i];
8     Vector3D origin = p[i];
9     SphSpikyKernel3 kernel(_kernelRadius);
10
11    for (size_t j : neighbors) {
12        Vector3D neighborPosition = p[j];
13        double dist = origin.distanceTo(neighborPosition);
14        if (dist > 0.0) {
15            Vector3D dir = (neighborPosition - origin) / dist;
16            sum += d[i] * _mass * (values[i] / square(d[i]) + values[j] /
square(d[j])) * kernel.gradient(dist, dir);
17        }
18    }
19
20    return sum;
21 }
```

　　可以在附录 B.1 中看到这个新梯度方程的详细推导。但是很容易确认，新的梯度是对称的。

2. 拉普拉斯算子

　　为了从给定的粒子计算拉普拉斯算子$\nabla^2 f$，我们采取了与梯度计算中相似的步

骤。因此，从计算单个粒子的函数曲线开始：

```
1 result = value * mass / density * kernel(distance);
```

如果沿可变距离应用二阶导数，它将变为：

```
1 result = value * mass / density * kernel.secondDerivative(distance);
```

其中，函数 secondDerivative 可以实现为：

```
1  struct SphStdKernel3 {
2      double h5;
3      ...
4
5      double secondDerivative(double distance) const;
6  };
7
8  inline SphStdKernel3::SphStdKernel3()
9      : h(0), h2(0), h3(0), h5(0) {}
10
11 inline SphStdKernel3::SphStdKernel3(double kernelRadius)
12     : h(kernelRadius), h2(h * h), h3(h2 * h), h5(h2 * h3) {}
13
14 inline double SphStdKernel3::secondDerivative(double distance) const {
15     if (distance*distance >= h2) {
16         return 0.0;
17     } else {
18         double x = distance*distance / h2;
19         return 945.0 / (32.0 * kPiD * h5) * (1 - x) * (3 * x - 1);
20     }
21 }
```

与梯度代码类似，如果将所有内容都放在邻居迭代中，代码可以写成：

```
1  double SphSystemData3::laplacianAt(
2      size_t i,
3      const ConstArrayAccessor1<double>& values) const {
4      double sum = 0.0;
5      auto p = positions();
6      auto d = densities();
7      const auto& neighbors = neighborLists()[i];
8      Vector3D origin = p[i];
9      SphSpikyKernel3 kernel(_kernelRadius);
10
11     for (size_t j : neighbors) {
12         Vector3D neighborPosition = p[j];
13         double dist = origin.distanceTo(neighborPosition);
```

```
14        sum += _mass * values[j] / d[j] * kernel.secondDerivative(dist);
15    }
16
17    return sum;
18 }
```

正如其他文献[7,88]中所讨论的，上面的代码不会为常量场返回零。即使values[j]对每个粒子都有相同的非零值，在循环结束时 sum 也将是非零的。这可能是一个问题，因为我们将主要使用拉普拉斯算子进行黏性计算，并且要具有适当的黏性力，恒定输入应有零场作为输出。然而，正如 Monaghan 和其他人[7,88]所建议的，一个小的调整可以处理这个问题，即简单地从原始粒子中减去该值：

```
1 double SphSystemData3::laplacianAt(
2    size_t i,
3    const ConstArrayAccessor1<double>& values) const {
4    double sum = 0.0;
5    auto p = positions();
6    auto d = densities();
7    const auto& neighbors = neighborLists()[i];
8    Vector3D origin = p[i];
9    SphSpikyKernel3 kernel(_kernelRadius);
10
11    for (size_t j : neighbors) {
12        Vector3D neighborPosition = p[j];
13        double dist = origin.distanceTo(neighborPosition);
14        sum += _mass * (values[j] - values[i]) / d[j] * kernel.
secondDerivative(dist);
15    }
16
17    return sum;
18 }
```

对应的方程为

$$\nabla^2 \phi(x) = m \sum_j \left(\frac{\phi_j - \phi_i}{\rho_j} \right) \nabla^2 W(x - x_j) \qquad (2.7)$$

3. 算子的特殊核

到目前为止，我们一直在使用类高斯核函数来计算插值和场算子。在代码中，我们计算核函数本身的梯度或拉普拉斯算子［式（2.5）和式（2.7）］。图 2.8（a）绘制了核函数的梯度和拉普拉斯算子。请注意，尽管核函数本身随着离中心的距离增加而单调下降，但梯度和拉普拉斯算子会振荡。正如一些人可能已经猜到的那样，梯度将用于计算当粒子靠得太近时将其推开的压力梯度力。（我们将在 2.3.2 节介绍这一点。）但是，图 2.8（a）表明，在某个点上，即使粒子越来越近，压力也会下降。当粒子比特定阈值更近时，拉普拉斯算子甚至会显示负函数曲线。

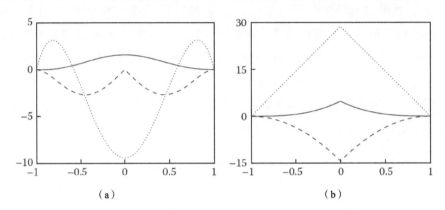

图 2.8 （a）标准 SPH 核函数和（b）尖峰核函数
实线、虚线和点线分别表示原函数、它的一阶导数和二阶导数

为了处理这个问题，Mueller 和他的同事提出了一个新的核函数[89]。这个函数有一个尖尖的形状，如图 2.8（b）所示。正如我们在图 2.8（b）中看到的，这个核函数的梯度和拉普拉斯算子随着距离的增加而单调下降。可以像下面这样写出核函数

$$W_{\text{spiky}}(r) = \frac{15}{\pi h^3} \begin{cases} (1 - \dfrac{r}{h})^3 & 0 \leqslant r \leqslant h \\ 0 & \text{其他} \end{cases} \tag{2.8}$$

对应的代码可以写成：

```
1  struct SphSpikyKernel3 {
2      double h, h2, h3, h4, h5;
3
4      SphSpikyKernel3();
5
6      explicit SphSpikyKernel3(double kernelRadius);
7
8      double operator()(double distance) const;
9
10     double firstDerivative(double distance) const;
11
12     Vector3D gradient(double distance, const Vector3D& direction) const;
```

```
13
14    double secondDerivative(double distance) const;
15 };
16
17 inline SphSpikyKernel3::SphSpikyKernel3()
18    : h(0), h2(0), h3(0), h4(0), h5(0) {}
19
20 inline SphSpikyKernel3::SphSpikyKernel3(double h_)
21    : h(h_), h2(h * h), h3(h2 * h), h4(h2 * h2), h5(h3 * h2) {}
22
23 inline double SphSpikyKernel3::operator()(double distance) const {
24    if (distance >= h) {
25        return 0.0;
26    } else {
27        double x = 1.0 - distance / h;
28        return 15.0 / (kPiD * h3) * x * x * x;
29    }
30 }
31
32 inline double SphSpikyKernel3::firstDerivative(double distance) const {
33    if (distance >= h) {
34        return 0.0;
35    } else {
36        double x = 1.0 - distance / h;
37        return -45.0 / (kPiD * h4) * x * x;
38    }
39 }
40
41 inline Vector3D SphSpikyKernel3::gradient(
42    double distance,
43    const Vector3D& directionToCenter) const {
44        return -firstDerivative(distance) * directionToCenter;
45 }
46
47 inline double SphSpikyKernel3::secondDerivative(double distance) const {
48    if (distance >= h) {
49        return 0.0;
50    } else {
51        double x = 1.0 - distance / h;
52        return 90.0 / (kPiD * h5) * x;
53    }
54 }
```

如前所述，可以使用满足式（2.2）的任何核函数。因此，在 SPH 计算中使用尖峰核函数是有效的。但由于标准核函数 SphStdKernel3 为插值提供了更光滑的函数曲线，我们将仅使用尖峰核函数进行梯度和拉普拉斯算子计算。

2.3.2　动力学

正如 1.7 节讨论的那样，压力梯度力、黏性力和重力是实现流体求解器的关键组成部分。同样，压力梯度力使流体从高压区域流向低压区域，而黏性力决定了流体的稠度。除了这 3 种力，我们还将结合前面 1.6.2 节和 2.2.2 节中的空气阻力。与这些示例类似，SPH 模拟器也执行以下步骤：

（1）用粒子的当前位置计算密度；

（2）根据密度计算压力；

（3）计算压力梯度力；

（4）计算黏性力；

（5）计算重力和其他额外的力；

（6）进行时间积分。

这些步骤的一部分已经被涵盖，我们将扩展现有的粒子系统求解器 ParticleSystemSolver3。我们知道如何计算 2.3.1.4 节中的密度场，这将去除第一步，还将使用粒子系统代码中的外力和时间积分部分。下面来看如何实现其余步骤，并将所有内容组合在一起以构建 SPH 流体求解器。

2.3.2.1　求解器概览

为了定义 SPH 流体求解器背后的逻辑，我们将利用 2.2.2 节的 ParticleSystemSolver3 中实现的内容。考虑以下代码：

```
1 class SphSystemSolver3 : public ParticleSystemSolver3 {
2   public:
3       SphSystemSolver3();
4
5       virtual ~SphSystemSolver3();
6
7       ...
8
9   protected:
10      void accumulateForces(double timeStepInSeconds) override;
```

```
11
12      void onBeginAdvanceTimeStep() override;
13
14      void onEndAdvanceTimeStep() override;
15
16      virtual void accumulateNonPressureForces(double timeStepInSeconds);
17
18      virtual void accumulatePressureForce(double timeStepInSeconds);
19
20      void computePressure();
21
22      void accumulateViscosityForce();
23
24      void computePseudoViscosity();
25
26      ...
27 };
```

由上面的代码可知，我们重写了 3 个函数：accumulateForces、onBeginAdvanceTimeStep 和 onEndAdvanceTimeStep。这意味着新求解器将为粒子累积不同类型的力，并且会有额外的预处理和后处理步骤。这自然会延续到下一个函数计算过程中的压力、压力梯度力、黏性力和伪黏性力。由于父类 ParticleSystemSolver3 将处理包括碰撞处理和时间积分在内的所有事情，因此该类仅关注力计算。

从更高级的函数 accumulateForces 开始：

```
1 void SphSystemSolver3::accumulateForces(double timeStepInSeconds) {
2     accumulateNonPressureForces(timeStepInSeconds);
3     accumulatePressureForce(timeStepInSeconds);
4 }
5
6 void SphSystemSolver3::accumulateNonPressureForces(double
timeStepInSeconds) {
7     ParticleSystemSolver3::accumulateForces(timeStepInSeconds);
8     accumulateViscosityForce();
9 }
10
11 void SphSystemSolver3::accumulatePressureForce(double timeStepInSeconds) {
12     auto particles = sphSystemData();
13     auto x = particles->positions();
14     auto d = particles->densities();
15     auto p = particles->pressures();
16     auto f = particles->forces();
```

```
17
18    computePressure();
19    accumulatePressureForce(x, d, p, f);
20 }
```

请注意，我们只添加了压力和黏性力，因为 ParticleSystemSolver3::
accumulateForces 负责处理重力和空气阻力。该代码还将压力和非压力分开以
供将来使用。对于预处理，请记住在任何 SPH 运算之前都需要更新密度。因此，
可以像下面这样实现 onBeginAdvanceTimeStep：

```
1 void SphSystemSolver3::onBeginAdvanceTimeStep() {
2     auto particles = sphSystemData();
3     particles->buildNeighborSearcher();
4     particles->buildNeighborLists();
5     particles->updateDensities();
6 }
```

取值函数 sphSystemData() 返回指向我们在构造函数中创建的
SphSystemData3 的共享指针。

对于后处理，我们将添加一个伪物理速度过滤来抑制任何明显的噪声。函数
onEndAdvanceTimeStep 可以写成：

```
1 void SphSystemSolver3::onEndAdvanceTimeStep() {
2     computePseudoViscosity();
3 }
```

现在，通过调用力累积函数对流体求解器进行更高级别的实现。在接下来的
部分中，我们将深入介绍这些子函数的细节。

2.3.2.2　压力梯度力

要计算压力梯度力，需要先计算压力。压力与密度高度相关——密度越大，压
力越大。使用 2.3.1.4 节中讨论的密度计算，我们来看如何计算压力。

1. 状态方程

状态方程或 EOS 描述了状态变量之间的关系。在这种情况下，我们将密度映
射到压力。考虑下面的代码：

```
1 double computePressureFromEos(
2     double density,
3     double targetDensity,
4     double eosScale,
```

```
5      double eosExponent) {
6      double p = eosScale / eosExponent
7          * (std::pow((density / targetDensity), eosExponent) - 1.0);
8
9      return p;
10 }
```

函数 computePressureFromEos 的参数包括当前密度（density）、所需的流体目标密度（targetDensity）、一些比例因子（eosScale），以及控制映射放大的指数（eosExponent）。可以像下面这样写出等效的数学表达式，即

$$p = \frac{\kappa}{\gamma}\left(\left(\frac{\rho}{\rho_0}\right)^{\gamma} - 1\right) \tag{2.9}$$

其中，p是压力，κ是比例因子，γ是控制映射放大的指数，ρ是密度，ρ_0是流体目标密度。

要为每个粒子都赋予压力，只需通过以下方式迭代数组：

```
1  void SphSystemSolver3::computePressure() {
2      auto particles = sphSystemData();
3      size_t numberOfParticles = particles->numberOfParticles();
4      auto d = particles->densities();
5      auto p = particles->pressures();
6
7      const double targetDensity = particles->targetDensity();
8      const double eosScale
9          = targetDensity * square(_speedOfSound);
10
11     parallelFor(
12         zeroSize,
13         numberOfParticles,
14         [&](size_t i) {
15             p[i] = computePressureFromEos(
16                 d[i],
17                 targetDensity,
18                 eosScale,
19                 eosExponent());
20         });
21 }
```

请注意，上面的代码通过以下方式计算比例因子，即

$$\kappa = \rho_0 c_s^2 \tag{2.10}$$

其中，c_s 是流体中的声速。Becker 和 Teschner[15]建议使用这种方法。

现在，仔细观察 computePressureFromEos，如果密度低于目标密度，则会引入负压。由于相邻粒子的数量较少，这可能会使表面附近发生意外行为。图 2.9 更直观地描述了表面附近的情况。它表明，表面附近的粒子可能会出现聚集伪影，因为 SPH 流体求解器将尝试使密度分布恒定，即使粒子间距接近目标间距。这可以被视为表面张力效应，但它不是预期的效果，在物理上也不是准确的。处理这个问题的方法是像图 2.9 中展示的一样，截断负压力：

```
1  double computePressureFromEos(
2      double density,
3      double targetDensity,
4      double eosScale,
5      double eosExponent,
6      double negativePressureScale) {
7
8      double p = eosScale / eosExponent
9          * (std::pow((density / targetDensity), eosExponent) - 1.0);
10
11     //处理负压力
12     if (p < 0) {
13         p *= negativePressureScale;
14     }
15
16     return p;
17 }
```

从上面的代码中可以看出，如果 negativePressureScale 为零，它会将负压力截断为零[①]。否则，它将使用所需的缩放因子缩放负压力。

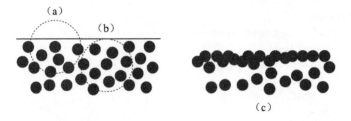

图 2.9　靠近表面的粒子即使具有近乎均匀的分布，也会计算得到低密度
点（a）计算得到的密度会比点（b）更低，这将使表面附近的粒子结块（c）

---

① 该求解方案仍然是启发式的，并且 Macklin 等人[80]已经讨论了更精确的物理方法。

下一步是产生压力，以便将这些集中的粒子推开。

2. 计算压力梯度

同样，梯度会显示给定位置的最陡方向和坡度。如果将其应用于压力场，它会提供一个向量，该向量指向附近的最高压力区域，其大小对应于给定位置的压力场斜率。

要计算压力梯度，可使用式（2.6）中梯度的对称版本。对 1.7.2 节中的压力梯度方程

$$f_p = -m\frac{\nabla p}{\rho} \tag{2.11}$$

应用对称梯度，得到

$$f_p = -m^2 \sum_j \left(\frac{p_i}{\rho_i^2} + \frac{p_j}{\rho_j^2}\right) \nabla W(x - x_j) \tag{2.12}$$

同样，代码可以写成：

```
1  void SphSystemSolver3::accumulatePressureForce(double timeStepInSeconds) {
2      auto particles = sphSystemData();
3      auto x = particles->positions();
4      auto d = particles->densities();
5      auto p = particles->pressures();
6      auto f = particles->forces();
7
8      computePressureForce(x, d, p, f);
9  }
10
11 void SphSystemSolver3::accumulatePressureForce(
12     const ConstArrayAccessor1<Vector3D>& positions,
13     const ConstArrayAccessor1<Vector3D>& densities,
14     const ConstArrayAccessor1<Vector3D>& pressures,
15     ArrayAccessor1<Vector3D> pressureForces) {
16     auto particles = sphSystemData();
17     size_t numberOfParticles = particles->numberOfParticles();
18
19     const double massSquared = square(particles->mass());
20     const SphSpikyKernel3 kernel(particles->kernelRadius());
21
22     parallelFor(
23         zeroSize,
```

```
24         numberOfParticles,
25         [&](size_t i) {
26         const auto& neighbors = particles->neighborLists()[i];
27         for (size_t j : neighbors) {
28             double dist = positions[i].distanceTo(positions[j]);
29
30             if (dist > 0.0) {
31                 Vector3D dir = (positions[j] - positions[i]) / dist;
32                 pressureForces[i] -= massSquared
33                 * (pressures[i] / (densities[i] * densities[i])
34                 + pressures[j] / (densities[j] * densities[j]))
35                 * kernel.gradient(dist, dir);
36             }
37         }
38     });
39 }
```

请注意，我们添加了一个附加函数 accumulatePressureForce，它接收输入位置并输出压力数组。引入新函数以便子类可以使用该函数计算自定义位置的压力，并将结果存储到任意数组，其中一个用例将出现在 2.4 节中。

2.3.2.3 黏性力

如果我们熟悉 2.3.1.5 节中的拉普拉斯算子（如压力梯度），则计算黏性力也很简单。首先，黏性力的方程可以写成

$$f_v = m\mu\nabla^2 \boldsymbol{u} \tag{2.13}$$

这与 1.7.3 节中的式（1.82）相同，但这里用力来描述，而不是加速度（这意味着它乘以质量 m）。基于 2.3.1.5 节中的拉普拉斯算子，式（2.13）可改写为

$$f_v = m^2 \sum_j \left(\frac{\boldsymbol{u}_j - \boldsymbol{u}_i}{\rho_j}\right)\nabla^2 W(\boldsymbol{x} - \boldsymbol{x}_j) \tag{2.14}$$

可以使用下面的代码实现上面的等式：

```
1 void SphSystemSolver3::accumulateViscosityForce() {
2     auto particles = sphSystemData();
3     size_t numberOfParticles = particles->numberOfParticles();
4     auto x = particles->positions();
5     auto v = particles->velocities();
6     auto d = particles->densities();
7     auto f = particles->forces();
```

```
8
9     const double massSquared = square(particles->mass());
10    const SphSpikyKernel3 kernel(particles->kernelRadius());
11
12    parallelFor(
13        zeroSize,
14        numberOfParticles,
15        [&](size_t i) {
16        const auto& neighbors = particles->neighborLists()[i];
17        for (size_t j : neighbors) {
18            double dist = x[i].distanceTo(x[j]);
19
20            f[i] += viscosityCoefficient() * massSquared
21                * (v[j] - v[i]) / d[j]
22                * kernel.secondDerivative(dist);
23        }
24    });
25}
```

2.3.2.4 重力与拖曳力

对于重力与拖曳力，我们将重用在 2.2.2 节的粒子系统求解器中实现的内容。请参阅示例代码中的 ParticleSystemSolver3 类和函数 accumulateExternalForces。

2.3.3 结果和局限性

到目前为止，我们已经编写了 SphSystemSolver3，它实现了基于 SPH 的流体模拟器。这是基于我们目前的所有知识实现得最为复杂的求解器。基于现有的仅包含基本数据结构和时间积分的 ParticleSystemSolver3 类，通过添加和覆盖多个函数将类扩展为 SphSystemSolver3，以获得功能齐全的流体动力学引擎。我们可以在图 2.10 中看到二维 SPH 求解器的仿真结果。

现在，我们讨论一下 SPH 模拟的局限性。为了保持流体密度（几乎）恒定，SPH 引入了将密度映射到压力场的 EOS[式（2.9）和式（2.10）]。这些方程引入了许多参数，尤其是 EOS 的指数部分（γ）和介质中的声速（c_s）。我们可能想知道为什么声速是一个参数，而不是一个常数。另外，为什么有这样的参数会成为问题？这些都与模拟的时间步长和可压缩性有关，如果对这些参数调整不当，最终会导致时间步长太小或非自然的压缩/不稳定，这些在实践中都是不可取的。

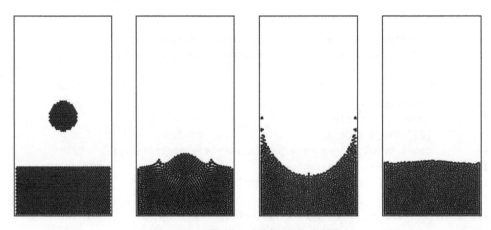

图 2.10 二维 SPH 求解器的仿真结果

为了更好地理解这个问题，请看图 2.11。该图说明了当一个粒子落入粒子池时压力如何在流体内传播。对于每个时间步长，其影响信息仅在核函数半径h内传播。因此，如果某些信息以速度c传播，则最大时间步长将为h/c。在现实世界中，此信息以声速传播，因此几乎立即将水滴的影响传播给整个流体。因此，理想的时间步长最多应为h/c_s，其中c_s是声速。基于此，Becker 和 Teschner[15]及 Goswami 和 Batty[45]等建议通过以下方式限制时间步长，即

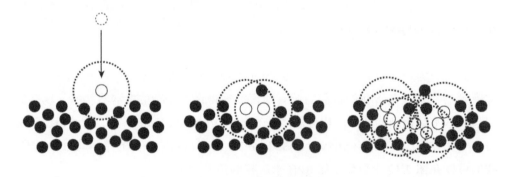

图 2.11 在 SPH 中传播信息

白色圆圈是关于碰撞的通知粒子，虚线圆圈表示核函数半径；需要多次迭代才能完全展开事件

$$\nabla t_v = \frac{\lambda_v h}{c_\mathrm{s}}$$

$$\nabla t_f = \lambda_f \sqrt{\frac{hm}{F_{\max}}}$$

$$\nabla t \leqslant \min(\Delta t_v, \Delta t_f)$$

其中，系数 λ_v 和 λ_f 是标量，分别在 0.4 和 0.25 左右调整；h 是核函数半径，m 是质量，$F_{\max}$ 是力向量的最大量值。这意味着时间步长可能在每个时间步都不同。

为了了解时间步长有多小，假设核函数半径为 0.1m，质量为 0.001kg，声速为 1482m/s²，并且只有重力作用于系统。根据以上等式，Δt_v 将为 0.00002699055331，Δt_f 将为 0.0007985957062。因此，最大时间步长将为 0.00002699055331，这意味着推进单个 60FPS 帧需要超过 618 个子步长。这是一个非常小的时间步长，即使是一小段动画，也需要高昂的计算成本。

为了避免极小的时间步长，Becker 和 Teschner[15]通过计算模拟中的最大可能粒子速度使用了更小的伪声速。但正如 Solenthaler 和 Pajarola[109]指出的那样，Becker 和 Teschner 的方法可能会引入大量参数调整，因为在实践中，很难预测场景的最大速度是多少，尤其对于软件用户。

允许更大时间步长的另一种方法是调整 EOS 的指数部分 κ。Becker 和 Teschner[15]建议的 κ 值为 7，这使得刚性非常大。更大的 κ 意味着它将对相同的密度偏移施加更高的压力，这需要更小的时间步长，否则可能会使模拟发散。粒子会爆炸，因为较大的时间步长会使粒子彼此靠得太近，而刚性的 EOS 会产生高压，从而使模拟发散。其他研究，如 Desbrun 和 Cani[34]或 Müller 等人[89]通过使 $\kappa = 1$ 来使用刚性较小的 EOS。然而，这种方法会给系统带来振荡，因为刚性较小的 EOS 允许一定程度的压缩。

为了从根本上处理这个问题，Solenthaler 和 Pajarola[109]提出了一种预测–校正模型。该模型消除了对声速的依赖并加速信息传播，同时保持密度守恒而不压缩。我们将从以下内容中了解如何扩展原始 SPH 方法并构建此模型。

2.4 具有较大时间步长的不可压缩SPH

如上一节所述，传统 SPH 流体求解器的主要问题之一是时间步长限制。在原始 SPH 中，首先根据当前设置计算密度，使用 EOS 计算压力，应用压力梯度，然后运行时间积分。此过程意味着需要一定量的压缩才能仅在核函数半径内触发压力，从而延迟计算。因此，需要使用更小的时间步长（意味着更多的迭代），这可能会让计算成本很高，或者使用刚性较低的 EOS。但是，此求解方案可能会引入类似弹簧的振荡。微调声速（c_s）或黏性力（以抑制可能由刚性κ引起的超调）等参数可以避免此类问题。然而，这不是一个根本的求解方案，对用户来说也不切实际。本节将通过向 SPH 模拟器引入预测–校正概念来处理该问题。

2.4.1　预测与校正

在 SPH 中，局部压缩没有足够快地耗散到它的邻居。因此，我们要么使用小的时间步长，要么允许压缩。为了处理这个问题，Selenthaler 和 Pajarola 在 2009 年提出了一种新方法，被称为预测–校正不可压缩 SPH（PCISPH）[109]。顾名思义，它是一种误差校正算法，它假定计算密度与期望密度之间的差就是误差。

该方法首先"预测"具有候选位置和速度的未来密度分布，但仍保持原始状态。在计算预期密度后，它会计算将减少密度误差的校正力。然后算法将位置和速度回滚到原始状态并累积校正力。多次重复此过程后，该方法找到使密度误差最小化的最佳校正力，使用累积的力进行下一个时间步长。因此，这种方法的迭代特性允许系统进一步传播密度和压力信息。此外，不是采取不能保证最终状态也不会有任何压缩的多个 SPH 求解步，而是累积校正力几乎可以确保结果状态将处于（或非常接近）不可压缩状态。

2.4.2　实现

现在我们大致了解了 PCISPH 的工作原理，再来看如何实现它。如上所述，核心算法就是找到正确的校正力。校正力实际上是压力梯度力。因此，在预测–校正迭代中，我们的目标是找到最佳压力，将粒子驱动到新位置，从而最大限度地减少密度误差。下面是我们的框架代码：

```
1  class PciSphSystemSolver3 : public SphSystemSolver3 {
2   public:
3      PciSphSystemSolver3();
4
5      virtual ~PciSphSystemSolver3();
6
7      ...
8
9   protected:
10     void accumulatePressureForce(double timeIntervalInSeconds) override;
```

```
11
12      ...
13
14  private:
15      double _maxDensityErrorRatio = 0.01;
16      unsigned int _maxNumberOfIterations = 5;
17
18      ...
19  };
20
21  void PciSphSystemSolver3::accumulatePressureForce(
22      double timeIntervalInSeconds) {
23      auto particles = sphSystemData();
24      const size_t numberOfParticles = particles->numberOfParticles();
25      const double targetDensity = particles->targetDensity();
26
27      //初始化其他变量
28      ...
29
30      for (unsigned int k = 0; k < _maxNumberOfIterations; ++k) {
31          //预测速度与位置
32          ...
33
34          //处理碰撞
35          ...
36
37          //根据密度误差计算压力
38          ...
39
40          //计算压力梯度力
41          ...
42
43          //计算最大密度误差
44          double maxDensityError = /* compute error here */
45          double densityErrorRatio = maxDensityError / targetDensity;
46
47          if (std::fabs(densityErrorRatio) < _maxDensityErrorRatio) {
48              break;
49          }
50      }
51
52      //累积压力
53      ...
54  }
```

在这里，我们为 PCISPH 仿真引入了一个新类——PciSphSystemSolver3。此类将向 SphSystemSolver3 添加更多函数，但函数 accumulatePressureForce 是该类的核心部分。这是从 SphSystemSolver3 中的 accumulateForces 函数调用的函数，紧接在 accumulateNonPressureForces 调用之后。因此，当调用 accumulatePressureForce 时，所有非压力类型的力都会累积在力数组中。

乍一看，我们会注意到有一个循环迭代，直到达到定义的最大迭代次数。此外，如果密度误差低于指定限制，则循环可以终止。在循环内部，有几个步骤通过预测和校正来减少密度误差。循环的第一步是通过对当前位置、速度和累积力进行时间积分来预测速度和位置。然后以下步骤将处理来自预测状态的任何碰撞。碰撞处理后，将根据预测位置计算校正密度误差的压力。一旦计算出压力，就会计算压力梯度力以更新累积的力状态。该力将用于下一轮迭代。代码重复这个过程，直到误差达到给定的阈值。

现在来看每一步。可以像下面这样写出预测步骤：

```
1  class PciSphSystemSolver3 : public SphSystemSolver3 {
2    ...
3
4    private:
5      ...
6
7      ParticleSystemData3::VectorData _tempPositions;
8      ParticleSystemData3::VectorData _tempVelocities;
9      ParticleSystemData3::VectorData _pressureForces;
10
11     ...
12 };
13
14 void PciSphSystemSolver3::accumulatePressureForce(
15     double timeIntervalInSeconds) {
16     auto particles = sphSystemData();
17     const size_t numberOfParticles = particles->numberOfParticles();
18     const double targetDensity = particles->targetDensity();
19     const double mass = particles->mass();
20
21     auto p = particles->pressures();
22     auto x = particles->positions();
23     auto v = particles->velocities();
24
25     ...
```

```
26
27      //初始化内存
28      parallelFor(
29          kZeroSize,
30          numberOfParticles,
31          [&] (size_t i) {
32              p[i] = 0.0;
33              _pressureForces[i] = Vector3D();
34          });
35
36      for (unsigned int k = 0; k < _maxNumberOfIterations; ++k) {
37          //预测速度与位置
38          parallelFor(
39              kZeroSize,
40              numberOfParticles,
41              [&] (size_t i) {
42                  _tempVelocities[i]
43                      = v[i]
44                      + timeIntervalInSeconds / mass
45                      * (f[i] + _pressureForces[i]);
46                  _tempPositions[i]
47                      = x[i] + timeIntervalInSeconds * _tempVelocities[i];
48              });
49
50          ...
51      }
52
53      ...
54 }
```

这段代码将在当前状态下进行时间积分，并且保存到 _tempPositions 和 _tempVelocities，这些是 PciSphSystemSolver3 类中引入的新数组。请注意，调用 accumulatePressureForce 之前累积的力存储在变量 f 中，压力单独存储在 _pressureForces 中，它也是从 PciSphSystemSolver3 类定义的新数组。在第一次迭代中，k=0，_pressureForces 和压力数组 p 是零向量。

下一部分是碰撞处理。这更简单，因为我们可以重用 ParticleSystemSolver3 中的函数：

```
1 void PciSphSystemSolver3::accumulatePressureForce(
2      double timeIntervalInSeconds) {
3      ...
4
```

```
5   for (unsigned int k = 0; k < _maxNumberOfIterations; ++k) {
6       //预测速度与位置
7       ...
8
9       //处理碰撞
10      resolveCollision(
11          _tempPositions,
12          _tempVelocities,
13          _tempPositions,
14          _tempVelocities);
15
16      ...
17  }
18
19  ...
20 }
```

现在来看密度误差计算和压力计算如何纠正误差，代码如下：

```
1 void PciSphSystemSolver3::accumulatePressureForce(
2   double timeIntervalInSeconds) {
3   ...
4
5   const double delta = computeDelta(timeIntervalInSeconds);
6
7   //预估密度 ds
8   Array1<double> ds(numberOfParticles, 0.0);
9
10  SphStdKernel3 kernel(particles->kernelRadius());
11
12  //初始化内存
13  ...
14
15  for (unsigned int k = 0; k < _maxNumberOfIterations; ++k) {
16      //预测速度与位置
17      ...
18
19      //处理碰撞
20      ...
21
22      //根据密度误差计算压力
23      parallelFor(
24          kZeroSize,
25          numberOfParticles,
26          [&] (size_t i) {
```

```
27                  double weightSum = 0.0;
28                  const auto& neighbors = particles->neighborLists()[i];
29
30                  for (size_t j : neighbors) {
31                      double dist
32                          = _tempPositions[j].distanceTo(_tempPositions[i]);
33                      weightSum += kernel(dist);
34                  }
35                  weightSum += kernel(0);
36
37                  double density = mass * weightSum;
38                  double densityError = (density - targetDensity);
39                  double pressure = delta * densityError;
40
41                  if (pressure < 0.0) {
42                      pressure *= negativePressureScale();
43                      densityError *= negativePressureScale();
44                  }
45
46                  p[i] += pressure;
47                  ds[i] = density;
48                  _densityErrors[i] = densityError;
49              });
50
51      ...
52  }
53
54  ...
55 }
```

这不是一个短代码，我们来关注第 27~48 行。第一步通过计算预测位置 _tempPositions 的密度来计算密度误差。（如果不是很理解这一段，请重新翻看 2.3.1.4 节。）然后使用标量值 δ 缩放密度误差以获得压力，即

$$\tilde{p}_i = \delta \rho^*_{\mathrm{err},i}$$

其中，$\rho^*_{\mathrm{err},i}$ 是预测的密度误差，$\tilde{p}_i$ 是校正压力。如 2.3.2.2 节中所讨论的，该压力被 negativePressureScale 限制，它可能为零，以避免由于负压而在表面附近聚集。

现在上面的代码中剩下的未知变量是 δ。这个神奇的标量变量，通过调用 computeDelta 计算将密度误差映射到压力。我们不在这里详细介绍如何计算该变量，但简而言之，该标量将密度映射到可抵消密度误差的最佳压力。如果有兴趣，

请查看附录 B.2 的推导和实现。

计算完压力后，剩下的工作就是计算压力梯度力，并将最终的力累加到原始力数组中：

```
1  void PciSphSystemSolver3::accumulatePressureForce(
2      double timeIntervalInSeconds) {
3      ...
4
5
6      //初始化内存
7      ...
8
9      for (unsigned int k = 0; k < _maxNumberOfIterations; ++k) {
10         //预测速度与位置
11         ...
12
13         //处理碰撞
14         ...
15
16         //根据密度误差计算压力
17         ...
18
19         //计算压力梯度力
20         _pressureForces.set(Vector3D());
21         SphSystemSolver3::accumulatePressureForce(
22             x, ds.constAccessor(), p, _pressureForces.accessor());
23
24         //计算最大密度误差
25         double maxDensityError = 0.0;
26         for (size_t i = 0; i < numberOfParticles; ++i) {
27             maxDensityError = absmax(maxDensityError, _densityErrors[i]);
28         }
29
30         double densityErrorRatio = maxDensityError / targetDensity;
31
32         if (std::fabs(densityErrorRatio) < _maxDensityErrorRatio) {
33             break;
34         }
35     }
36
37     ...
38
39
```

```
40    //累积压力
41    parallelFor(
42        zeroSize,
43        numberOfParticles,
44        [&](size_t i) {
45            f[i] += _pressureForces[i];
46        });
47 }
```

现在，我们已经实现了 PCISPH 求解器的核心实现。

2.4.3 结果

到目前为止，我们编写了 PciSphSystemSolver3 类，它实现了基于 SPH 的流体模拟器。基于仅包含基本数据结构和时间积分的 ParticleSystemSolver3，通过添加和覆盖多个函数将类扩展为 PciSphSystemSolver3，以获得功能齐全的流体动力学引擎。我们可以在图 2.12 中看到示例的二维仿真结果，此示例使用了我们用于类似 SPH 结果的相同设置（图 2.10）。然而，PCISPH 模拟使用了五倍大的时间步长来产生几乎相同的结果。

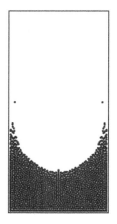

图 2.12 来自二维 PCISPH 求解器的结果

图 2.13 显示了使用三维 PCISPH 求解器的更有趣的结果。该模拟是"破坝"实验的变体之一，该实验从一个或多个站立的水柱开始，就好像它们在假想的水坝内一样。假设假想的水坝在模拟开始后就消失了，水柱在与障碍物相互作用时会坍塌并产生飞溅。通过从 SPH 密度场中获取等值面来提取表面。如果流体的密度为 ρ，则等值面取 $\rho/2$。然后使用行进立方体算法（请参阅 1.4.3 节）将其转换

为三角形网格，并使用路径跟踪渲染器将其渲染为图像序列。在这个例子中，使用了 Mitsuba 渲染器[59]。图 2.14 显示了相同的模拟结果，但通过将粒子可视化为球体而呈现不同效果。

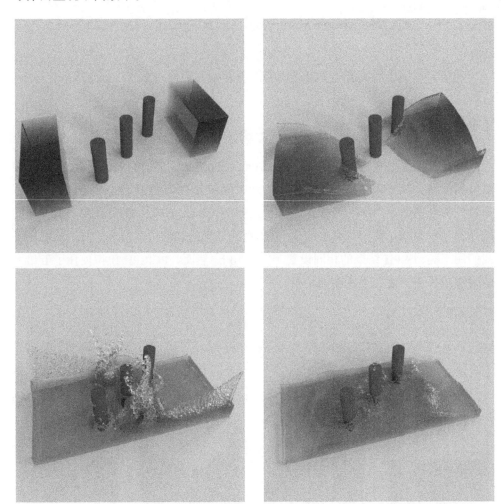

图 2.13　以三维形式显示 PCISPH 求解器结果的图像，使用 839k 粒子生成模拟

图 2.14　来自 PCISPH 模拟的粒子可视化，与图 2.13 中相同的动画序列
通过将粒子显示为球体，因而呈现不同效果

2.5　处理

　　本章介绍两种类型的碰撞：粒子对粒子和粒子对物体。前一种类型由计算 SPH 或 PCISPH 求解器处理，特别是通过计算压力及其梯度力。后一种类型碰撞问题侧重于场景中粒子和固体物体之间的相互作用，如地板、容器，甚至移动的角色。本节将介绍如何处理粒子与物体的碰撞问题。

到目前为止，已经实现的求解器（ParticleSystemSolver3、SphSystemSolver3
和 PciSphSystemSolver3）都假定可以通过调用 ParticleSystemSolver3 类中
的函数 resolveCollision 来处理碰撞，我们将其视为黑盒求解器。本节将讨论
实现细节。

定义碰撞器

流体可以碰撞的固体物体被称为碰撞器。为了开始实现，我们定义代表与粒
子交互的实体对象的碰撞器类。下面是新类 **Collider3** 的起始代码：

```
1 class Collider3 {
2   public:
3       Collider3();
4
5       virtual ~Collider3();
6
7       void resolveCollision(
8           const Vector3D& currentPosition,
9           const Vector3D& currentVelocity,
10          double radius,
11          double restitutionCoefficient,
12          Vector3D* newPosition,
13          Vector3D* newVelocity);
14
15      ...
16 };
```

如上面的代码所示，resolveCollision 是关键函数，它获取当前状态（位
置和速度）和粒子属性（半径和恢复系数），然后返回已处理的状态。但在进入函
数的实现之前，先看一下图 2.15 中的碰撞器如何处理碰撞事件的概述。有许多不
同的方法可以处理粒子与物体的碰撞，但我们将采用最简单和最直接的方法。①

该过程首先检查粒子的新位置是否穿透或太靠近表面。如果没有穿透，则不
用继续了，可以退出这个函数。如果穿透，如图 2.15（b）所示，则将粒子推到表
面之外。

---

① 有关碰撞处理的更深入讨论，请查看 Baraff 和 Witkin[10]、Bridson 等人[23]或 Ericson[40]的文献。

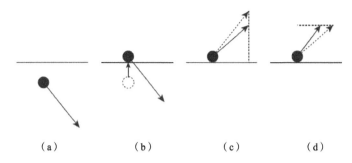

$$(a)\qquad\qquad(b)\qquad\qquad(c)\qquad\qquad(d)$$

图 2.15　简单的碰撞处理

首先当粒子穿透表面（a）时，它被推到最近的点（b）；然后速度的法向分量根据
恢复系数（c）按比例缩小；最后切向速度也根据摩擦力（d）进行缩放

现在来看核心函数 resolveCollision，它获取粒子的当前状态并返回无碰撞状态。该函数的第一个和第二个参数是粒子的当前位置和速度。参数半径定义粒子的大小。参数 restitutionCoefficient 决定了反弹的量。如果此参数为零，则表示根本没有弹跳，这意味着粒子会黏在表面上。如果参数设置为 1，则表示完全弹性碰撞；粒子将以与碰撞时相同的速度弹回。参数 newPosition 和 newVelocity 是粒子的新状态。

要实现该函数，我们从下面的骨架代码开始：

```
1 void Collider3::resolveCollision(
2     double radius,
3     double restitutionCoefficient,
4     Vector3D* newPosition,
5     Vector3D* newVelocity) {
6     ColliderQueryResult3 colliderPoint;
7
8     ...
9
10    //检查新的位置是否穿透几何表面
11    if (isPenetrating(colliderPoint, *newPosition, radius)) {
12        ...
13
14
15        //检查速度方向与几何表面法线是否相反
16        if (...) {
17
18            //将恢复系数应用于速度的法向分量
19            ...
20
21            //将摩擦系数应用于速度的切向分量
```

```
22          ...
23
24          //重组切向与法向速度
25          *newVelocity = /* normal vel */ + /* tangential vel */;
26      }
27
28      //几何修正
29      *newPosition = /* closest point on the surface */;
30   }
31 }
```

如上面的代码所示，我们首先要确定粒子是否穿透了表面。如果是这样，我们检查粒子是否继续穿透表面或正在逃逸。这种状态可以通过计算粒子速度和表面法线之间的点积 $v \cdot n$ 来计算。如果点积为负，则意味着粒子将继续穿透，我们反射速度的法向分量并应用恢复系数，即

$$v_n^{new} = -Rv_n \qquad (2.16)$$

这里，v_n 是速度的表面法向分量，R 是恢复系数。这个过程类似于对粒子施加脉冲。请注意，法线方向的速度变化为 $\delta v_n = v_n^{new} - v_n = (-R-1)v_n$。此过程对应图 2.15（c）。

在物理学中，如果一个物体与另一个表面接触，并且有一个法向力将物体推向该表面，就会产生摩擦力 $F_f = \mu F_n$。由该摩擦引起的表面切线方向的速度变化为 $\Delta v_t = a_t \Delta t = F_f/m\Delta t = \mu F_n/m\Delta t$。由于我们知道法线方向的速度变化 Δv_n，可以改写为 $\Delta v_n = a_n \Delta t = F_n/m\Delta t$，可以说 Δv_t 是 $\mu \Delta v_n$。当然，摩擦只能减慢速度，不能使粒子加速。因此，切线方向的速度变化 Δv_t 应小于 v_t。总之，可以像下面这样计算速度 v_t 的切向分量，即

$$\Delta v_t = \min(\mu \Delta v_n, v_t) \qquad (2.17)$$

及

$$v_t^{new} = \max\left(1 - \mu\frac{|\Delta v_n|}{v_t}, 0\right) \cdot v_t \qquad (2.18)$$

该步骤如图 2.15（d）所示。有关详细信息，请参阅 Bridson 等人的文献[23]。

到目前为止，我们已经计算了新速度状态的法向和切向分量 v_n^{new} 和 v_t^{new}。一旦重新组装它们，就可以通过将表面上离粒子最近的点赋予 newPosition 来完成

碰撞处理。下面是完整实现。请注意，添加了额外的成员函数 getClosestPoint
和 isPenetrating。此外，还引入了一个简单的结构 ColliderQueryResult3 来
存储从 getClosestPoint 查询的碰撞器表面的点。代码假设碰撞器本身也在移
动。可以通过 Collider3::velocityAt 函数访问碰撞器表面上一个点的速度。
由于这个事实，粒子和碰撞器之间的相对速度用于与速度相关的计算，代码如下：

```cpp
1 void Collider3::resolveCollision(
2     double radius,
3     double restitutionCoefficient,
4     Vector3D* newPosition,
5     Vector3D* newVelocity) {
6     ColliderQueryResult3 colliderPoint;
7
8     getClosestPoint(_surface, *newPosition, &colliderPoint);
9
10    //检查是否新的位置穿透了几何表面
11    if (isPenetrating(colliderPoint, *newPosition, radius)) {
12
13        //目标点是距离当前位置最近的非穿透位置
14        Vector3D targetNormal = colliderPoint.normal;
15        Vector3D targetPoint = colliderPoint.point + radius *targetNormal;
16        Vector3D colliderVelAtTargetPoint = colliderPoint.velocity;
17
18        //从目标点获取新的候选相对速度
19        Vector3D relativeVel = *newVelocity - colliderVelAtTargetPoint;
20        double normalDotRelativeVel = targetNormal.dot(relativeVel);
21        Vector3D relativeVelN = normalDotRelativeVel * targetNormal;
22        Vector3D relativeVelT = relativeVel - relativeVelN;
23
24
25        //检查速度朝向与表面法线相反
26        if (normalDotRelativeVel < 0.0) {
27
28            //将恢复系数应用于速度的法向分量
29            Vector3D deltaRelativeVelN
30                = (-restitutionCoefficient - 1.0) * relativeVelN;
31            relativeVelN *= -restitutionCoefficient;
32
33            //将摩擦系数应用于速度的切向分量
34            if (relativeVelT.lengthSquared() > 0.0) {
35                double frictionScale
36                    = std::max(
37                    1.0
38                    - _frictionCoefficent
```

```
39                    * deltaRelativeVelN.length()
40                    / relativeVelT.length(), 0.0);
41               relativeVelT *= frictionScale;
42           }
43
44           //重组切向与法向速度
45           *newVelocity
46               = relativeVelN + relativeVelT + colliderVelAtTargetPoint;
47       }
48
49       //几何修正
50       *newPosition = targetPoint;
51   }
52 }
53
54 void Collider3::getClosestPoint(
55     const Surface3Ptr& surface,
56     const Vector3D& queryPoint,
57     ColliderQueryResult3* result) const {
58     result->distance = surface->closestDistance(queryPoint);
59     result->point = surface->closestPoint(queryPoint);
60     result->normal = surface->closestNormal(queryPoint);
61     result->velocity = velocityAt(queryPoint);
62 }
63
64 bool Collider3::isPenetrating(
65     const ColliderQueryResult3& colliderPoint,
66     const Vector3D& position,
67     double radius) {
68     //如果粒子的新候选位置位于表面的另一侧，
69     //或者到表面的新距离小于粒子的半径，
70     //则该粒子处于碰撞状态
71     return
72         (position - colliderPoint.point).dot(colliderPoint.normal) < 0.0
73         || colliderPoint.distance < radius;
74 }
```

  我们刚刚在上面实现的碰撞器可以应用于 SPH 和非 SPH 模拟器。此外，如果可以从给定位置查询表面上的最近点，则此方法适用于大多数表面。因此，该代码是灵活的，并且可以在没有很多限制的情况下应用于多个程序。示例结果如图 2.16 所示。

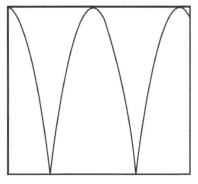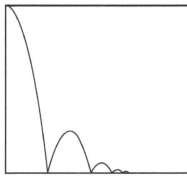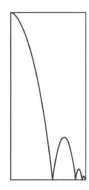

图 2.16　来自不同碰撞器设置的粒子轨迹

最左边的图像显示了自由落体粒子的完美弹跳（恢复系数=1）；中间的图像显示了
恢复系数小于 1 的结果；最右边的图像使用相同的恢复系数，但摩擦系数非零

也可以使用 SPH 粒子对碰撞器进行建模。这种方法不必明确处理碰撞，而是让动力学求解器包含一切。可参见 Ihmsen 等人的文献[56]了解更复杂的 SPH 碰撞处理技术。

2.6　讨论和延伸阅读

基于粒子的方法是拉格朗日框架中的一种方法，它通过移动粒子来跟踪沿流的流体块。在基于粒子的方法中，SPH 是常用的技术之一，它使用具有光滑密度分布的粒子模拟流体。使用 EOS 从密度场计算压力，EOS 将密度限制为几乎恒定。然而，该求解方案需要更小的时间步长以控制体积的守恒性。对于较大的时间步长，该方法将经常带来不稳定的压缩和振荡。传统 SPH 的这种缺点通过引入预测-校正方法得到改善，该方法在单个时间步长内迭代多次以找到保持密度守恒的最佳压力。

基于粒子的方法也被称为"无网格方法"，因为没有固定的粒子分布结构。邻居数组的连通性总在变化，并且数值运算不采用任何预定义的结构，如网格。此特性使该方法具有灵活性；粒子可以适应任何类型的几何形状或场。例如，粒子可以形成从喷雾到碎波的各种形状。此外，粒子可以不受限制地与各种类型的碰撞器进行交互。

作为一种拉格朗日方法，基于粒子的方法在保存粒子所携带的物理量方面也具有优势。质量和速度就是很好的例子。由于这些度量不会重新赋予其他离散点，我们将从基于网格的方法中观察到这一点，至少在平移粒子时会有较少的数值损失。

另一方面，粒子的随机分布会使结果产生噪声。由于插值基于加权平均值，我们可以很容易地从结果中观察到斑点。一些研究讨论了如何改善重建表面质量[122,127]，但这些研究主要集中在可视化问题上。精度更高的方法也存在，例如移动最小二乘法，但计算成本会增加[7,35]。

我们在本章中实现的两种 SPH 类型方法是经常提到的算法，但还有许多其他方法值得一提。虽然 PCISPH 在使流体不可压缩方面有更好的表现，但像“基于位置的动力学”（PBD）的类似替代方法也是一个活跃的研究领域[80,90]。根据 Macklin 等人[80]的说法，与 PCISPH 相比，PBD 方法显示出更好的不可压缩性。PBD 方法也是最新版本的 RealFlow 软件包[4]的一部分。处理不可压缩流动的另一种方法是使用线性系统[32]。这种方法与下一章基于网格的方法非常相似，但使用了 SPH 公式。此外，一些研究将 SPH 的概念扩展到更广泛的现象，例如多种类型的流体（如水–油）[85,92]或与可变形物体的相互作用[91]。

从第 3 章开始，我们将学习使用网格，从不同的角度模拟流体动力学。基于网格的方法有其优点和缺点。这些特性使该框架不仅是粒子的替代求解方案，而且建立了自己的模拟域。那么让我们看看可以用网格创建什么及为什么需要它们。

第3章

基于网格的模拟方法

3.1　像素化世界

网格是一种以有组织的方式存储数据的多维结构。它是一个数据点网络，也常被称为"网状"。例如，位图图像是为每个像素存储颜色的最简单的网格结构。然而，如图 3.1 所示，网格不一定必须是矩形的，它可以具有任意形状，如弧形或三角形。具有对齐结构的网格，如图 3.1（a）或（b）所示，被称为"常规"或"结构化"网格。其他类型的网格，如图 3.1（c）所示，被称为"不规则"或"非结构化"网格[26]。

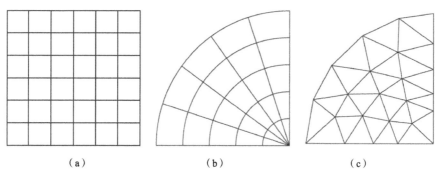

（a）　　　　　　　　（b）　　　　　　　　（c）

图 3.1　（a）矩形规则网格，（b）曲线规则网格，（c）三角形不规则网格

使用网格进行模拟与基于粒子的方法有很大不同。网格就像一组固定的窗口。对于每个时间点，数据都通过窗口记录下来。也可以把它想象成用像素化图像记录场景的数码相机。从固定的角度来看，在每个网格点都捕获物理量。如 2.1 节所述，这种离散化世界的方法被称为欧拉框架，而基于粒子的方法属于拉格朗日框架。请注意，有些方法可以使网格像粒子一样移动。这些方法是拉格朗日方法或

拉格朗日–欧拉混合方法，它们通常使用三角形或四面体网格[12,111]。本章将只考虑固定网格。

　　在本章中，我们将学习如何开发基于网格的模拟器。下一节将首先介绍数据结构设计。与粒子类似，随后将代码扩展以处理微分算子，这将成为基于网格的流体求解器的基础。求解器的第一个版本将是一个包含核心动力学的基础模拟器：重力、黏性力和压力。此外，还将引入一个被称为对流的新步骤。由于欧拉框架的性质，碰撞处理也将被重新讨论。构建基础求解器后，我们将通过实现烟雾和液体模拟引擎来结束本章。

3.2　数据结构

　　在本书中，我们将使用轴对齐的多维数组来定义网格类。它不仅像二维位图图像，而且具有轴对齐的包围盒，用于定义网格在空间中的大小和位置，如图 3.2 所示。从图中可以看出，一个"单元格"就是网格的一小块矩形，网格间距就是每条边的长度。每个单元格的每个角都有"顶点"，两个单元格之间都有"面"。我们还将使用"分辨率"来表示每个方向的网格单元数。此外，此网格的原点位于框的左下角。可以看出，这种网格结构与笛卡儿坐标系中的轴完全对齐，我们将其称为笛卡儿网格。如前所述，还有其他类型的网格是不对齐的，例如图 3.1（b）中所示的曲线网格。当我们尝试使数据结构适应问题空间时会使用此类网格[116]，尽管本书将仅关注笛卡儿网格。

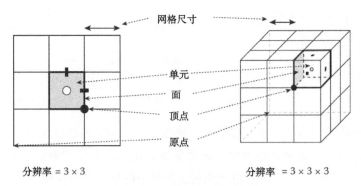

图 3.2　二维和三维网格
黑点表示顶点，白点表示单元格中心，黑色矩形表示面中心位置

可以通过下面的代码实现笛卡儿网格：

```
1 class Grid3 {
2  public:
3      typedef std::function<Vector3D(size_t, size_t, size_t)> DataPositionFunc;
4
5      Grid3();
6
7      virtual ~Grid3();
8
9      const Size3& resolution() const;
10
11      const Vector3D& origin() const;
12
13      const Vector3D& gridSpacing() const;
14
15      const BoundingBox3D& boundingBox() const;
16
17      DataPositionFunc cellCenterPosition() const;
18
19      ...
20 };
```

正如我们所见，这个简单的类有一组只读属性，包括 resolution、origin、gridSpacing 和 boundingBox。这些属性不仅定义了三维数组的维度，还定义了从网格单元格到物理位置的空间映射。请注意，函数 gridSpacing 返回三维向量，而不是标量。这意味着网格的每个轴都可以有不同的网格间距。另请注意，该类仅定义了非常基本的参数，但未实现任何数据存储。事实上，根据存储数据方式的不同，有不同类型的网格，可以在顶点、单元格中心或面上存储数据。在接下来的章节中，我们将了解更多关于数据存储设计的细节。

3.2.1　网格类型

在本书中，我们根据图 3.3 所示的层次结构对网格进行分类。不要试图理解每一种类型，而要关注顶层。在层次结构中，首先根据网格存储的数据类型将网格分为两大类：标量和向量。顾名思义，标量和向量网格通过使用有限数量的网格点离散场来对标量和向量场进行数值表示（请参阅 1.3.5 节以回忆场的概念）。因此，我们可以编写 ScalarField3、VectorField3 和 Grid3 的子类来定义标量和向量网格：

```
1  class ScalarGrid3 : public ScalarField3, public Grid3 {
2    public:
3        ScalarGrid3();
4
5        virtual ~ScalarGrid3();
6
7        virtual Size3 dataSize() const = 0;
8
9        virtual Vector3D dataOrigin() const = 0;
10
11       void resize(
12           const Size3& resolution,
13           const Vector3D& gridSpacing = Vector3D(1, 1, 1),
14           const Vector3D& origin = Vector3D(),
15           double initialValue = 0.0);
16
17       const double& operator()(size_t i, size_t j, size_t k) const;
18
19       double& operator()(size_t i, size_t j, size_t k);
20
21       ...
22
23   private:
24       Array3<double> _data;
25       ...
26 };
```

及

```
1  class VectorGrid3 : public VectorField3, public Grid3 {
2    public:
3        VectorGrid3();
4
5        virtual ~VectorGrid3();
6
7        void resize(
8            const Size3& resolution,
9            const Vector3D& gridSpacing = Vector3D(1, 1, 1),
10           const Vector3D& origin = Vector3D(),
11           const Vector3D& initialValue = Vector3D());
12
13   protected:
14       virtual void onResize(
15           const Size3& resolution,
16           const Vector3D& gridSpacing,
17           const Vector3D& origin,
```

```
18          const Vector3D& initialValue) = 0;
19 };
```

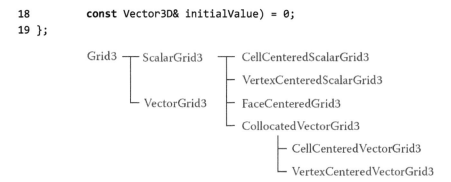

图 3.3　本书中使用的网格的层次结构

　　类声明的完整版本可以在 include/jet/scalar_grid3.h 和 include/jet/vector_grid3.h 中找到。请注意，ScalarGrid3 包含纯虚函数 dataSize 和 dataOrigin。虽然我们知道存储的数据类型，但数据点的位置仍然是未知的；它可以是顶点中心、单元格中心或面中心。所以该类将实际数据定位推迟到它们的子类。这两个函数看起来类似于 Grid3::resolution 和 Grid3::origin，但主要区别在于 Grid3 函数返回网格单元分辨率和包围盒的角，而 ScalarGrid3 函数返回数据点分辨率及数据点的位置(0,0,0)。例如，网格原点为(0,0,0)、网格间距为(1,1,1)、分辨率为 3×4×5 且以单元格为中心的网格，将从 dataOrigin 返回(0.5,0.5,0.5)，dataSize 返回 3×4×5。在以顶点为中心的网格的情况下，函数将分别返回(0,0,0) 和 4×5×6。请注意，VectorGrid3 没有函数 dataSize 和 dataOrigin，但有 onResize 回调。这是因为分辨率和数据点的位置可能会因轴而异，尤其是在以面为中心的网格的情况下。由于这个原因，有一个新的回调函数 onResize 将通过函数调整大小调用并赋予特定于子类的数据点。

　　回到图 3.3 所示的层次结构，我们看一下 ScalarGrid3 的子类。层次结构树显示两个子类：CellCenteredScalarGrid3 和 VertexCenteredScalarGrid3。这两个子类定义了网格顶点或网格单元格中心的数据点。两者都继承自父类并实现了纯虚函数 dataSize 和 dataOrigin。例如，可以像下面这样实现以单元格为中心的网格：

```
1 class CellCenteredScalarGrid3 final : public ScalarGrid3 {
2   public:
3       CellCenteredScalarGrid3();
4
5       CellCenteredScalarGrid3(
```

```
6        const Size3& resolution,
7        const Vector3D& gridSpacing = Vector3D(1.0, 1.0, 1.0),
8        const Vector3D& origin = Vector3D(),
9        double initialValue = 0.0);
10
11       Size3 dataSize() const override;
12
13       Vector3D dataOrigin() const override;
14   };
15
16   Size3 CellCenteredScalarGrid3::dataSize() const {
17       return resolution();
18   }
19
20   Vector3D CellCenteredScalarGrid3::dataOrigin() const {
21       return origin() + 0.5 * gridSpacing();
22   }
```

请注意，dataSize 返回与 Grid3::resolution 完全相同的值，因为每个维度的单元格数都是每个维度的单元格中心数。此外，dataOrigin 返回一个点，该点与网格原点的偏移量为网格间距的一半，因为这是单元格中心。图 3.4 更清楚地说明了以单元格为中心的网格的数据布局。

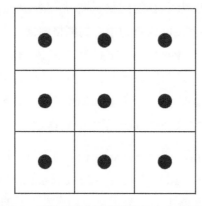

图 3.4　三维空间中以单元格为中心的网格的数据布局，黑点代表数据位置

同样，也可以实现一个以顶点为中心的网格：

```
1 class VertexCenteredScalarGrid3 final : public ScalarGrid3 {
2  public:
3        VertexCenteredScalarGrid3();
4
5        VertexCenteredScalarGrid3(
6            const Size3& resolution,
```

```
7           const Vector3D& gridSpacing = Vector3D(1.0, 1.0, 1.0),
8           const Vector3D& origin = Vector3D(),
9           double initialValue = 0.0);
10
11      Size3 dataSize() const override;
12
13      virtual Vector3D dataOrigin() const override;
14 };
15
16 Size3 VertexCenteredScalarGrid3::dataSize() const {
17      return resolution() + Size3(1, 1, 1);
18 }
19
20 Vector3D VertexCenteredScalarGrid3::dataOrigin() const {
21      return origin();
22 }
```

以顶点为中心的网格的数据布局如图 3.5 所示。

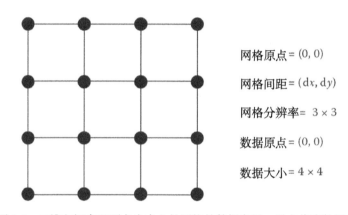

网格原点 $= (0, 0)$

网格间距 $= (dx, dy)$

网格分辨率 $= 3 \times 3$

数据原点 $= (0, 0)$

数据大小 $= 4 \times 4$

图 3.5　二维空间中以顶点为中心的网格的数据布局，黑点代表数据位置

现在我们从图表转向向量网格（见图 3.3）。在向量网格中，向量场的 x、y 和 z 分量的数据点可以定义在相同位置或不同位置。当定义在同一位置时，我们将此类网格称为并置网格。如果 x、y 和 z 分量不并置，则称之为交错网格。在本书中，我们将看到两种并置网格：以单元格为中心和以顶点为中心的向量网格。对于交错网格，我们将仅使用以面为中心的网格。并置网格与 **ScalarGrid3** 非常相似，可以写为：

```
1 class CollocatedVectorGrid3 : public VectorGrid3 {
2  public:
3      CollocatedVectorGrid3();
4
```

```
5       virtual ~CollocatedVectorGrid3();
6
7       virtual Size3 dataSize() const = 0;
8
9       virtual Vector3D dataOrigin() const = 0;
10
11      const Vector3D& operator()(size_t i, size_t j, size_t k) const;
12
13      Vector3D& operator()(size_t i, size_t j, size_t k);
14      ...
15
16  private:
17      Array3<Vector3D> _data;
18
19      ...
20  };
```

该类作为底层数据存储，拥有 Vector3D 的三维数组。请注意，我们有两个已在 ScalarGrid3 中看到的虚函数。这些函数被子类覆盖：

```
1  class CellCenteredVectorGrid3 final : public CollocatedVectorGrid3 {
2    public:
3        CellCenteredVectorGrid3();
4
5        ...
6
7        Size3 dataSize() const override;
8
9        Vector3D dataOrigin() const override;
10
11       ...
12  };
13
14 Size3 CellCenteredVectorGrid3::dataSize() const {
15      return resolution();
16 }
17
18 Vector3D CellCenteredVectorGrid3::dataOrigin() const {
19      return origin() + 0.5 * gridSpacing();
20 }
```

以及

```
1  class VertexCenteredVectorGrid3 final : public CollocatedVectorGrid3 {
2    public:
3        VertexCenteredVectorGrid3();
```

```
4
5        ...
6
7        Size3 dataSize() const override;
8
9        Vector3D dataOrigin() const override;
10
11       ...
12 };
13
14 Size3 VertexCenteredVectorGrid3::dataSize() const {
15      return resolution() + Size3(1, 1, 1);
16 }
17
18 Vector3D VertexCenteredVectorGrid3::dataOrigin() const {
19      return origin();
20 }
```

这两个网格的数据布局与其标量版本相同（如图 3.4 和图 3.5 所示）。

最后，我们将看到如何实现以面为中心的网格。在本书中，以面为中心的网格被视为向量场，因为网格单元面可以表示向量场的 u、v 和 w 分量。于是，可以像下面这样写出继承向量网格类的代码：

```
1 class FaceCenteredGrid3 final : public VectorGrid3 {
2  public:
3      FaceCenteredGrid3();
4
5      virtual ~FaceCenteredGrid3();
6
7      double& u(size_t i, size_t j, size_t k);
8
9      const double& u(size_t i, size_t j, size_t k) const;
10
11     double& v(size_t i, size_t j, size_t k);
12
13     const double& v(size_t i, size_t j, size_t k) const;
14
15     double& w(size_t i, size_t j, size_t k);
16
17     const double& w(size_t i, size_t j, size_t k) const;
18
19     ...
20
21  protected:
```

```
22      void onResize(
23      const Size3& resolution,
24      const Vector3D& gridSpacing,
25      const Vector3D& origin,
26      const Vector3D& initialValue) override;
27
28  private:
29      Array3<double> _dataU;
30      Array3<double> _dataV;
31      Array3<double> _dataW;
32      Vector3D _dataOriginU;
33      Vector3D _dataOriginV;
34      Vector3D _dataOriginW;
35
36      ...
37  };
38
39  void FaceCenteredGrid3::onResize(
40      const Size3& resolution,
41      const Vector3D& gridSpacing,
42      const Vector3D& origin,
43      const Vector3D& initialValue) {
44      _dataU.resize(resolution + Size3(1, 0, 0), initialValue.x);
45      _dataV.resize(resolution + Size3(0, 1, 0), initialValue.y);
46      _dataW.resize(resolution + Size3(0, 0, 1), initialValue.z);
47      _dataOriginU
48          = origin + 0.5 * Vector3D(0.0, gridSpacing.y, gridSpacing.z);
49      _dataOriginV
50          = origin + 0.5 * Vector3D(gridSpacing.x, 0.0, gridSpacing.z);
51      _dataOriginW
52          = origin + 0.5 * Vector3D(gridSpacing.x, gridSpacing.y, 0.0);
53
54      ...
55  }
```

从上面的代码中可以看出，每个向量分量都有单独的数据存储。此外，每个数据数组的大小沿其面向的方向多了一个网格。最后，除了朝向方向，代码为函数 onResize 中的每个数据原点都提供半个网格大小的偏移量。这种布局如图 3.6 所示。

以面为中心的网格通常被称为单元（MAC）网格。MAC 是一种计算流体动力学技术的名称，它通过用不同的标签标记每个网格单元来处理流体的流动问题，例如流体和空气[48,83]。本章将要讨论的方法中也有同样的想法，因此我们将使用以面为中心的网格来存储速度场。要了解有关 MAC 方法的更多信息，请阅读

McKee 等人[83]的综述。

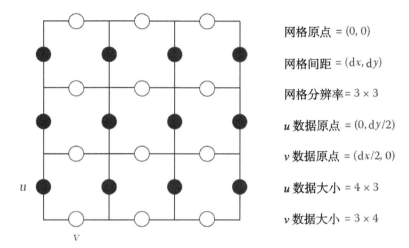

网格原点 $= (0, 0)$

网格间距 $= (\mathrm{d}x, \mathrm{d}y)$

网格分辨率 $= 3 \times 3$

u 数据原点 $= (0, \mathrm{d}y/2)$

v 数据原点 $= (\mathrm{d}x/2, 0)$

u 数据大小 $= 4 \times 3$

v 数据大小 $= 3 \times 4$

图 3.6　二维空间中以面为中心的网格的数据布局，黑点代表 u 面数据位置，白点代表 v 面

3.2.2　网格系统数据

　　类似于支持任意属性通道的 `ParticleSystemData3`，同样可以为基于网格的框架定义等效的数据结构。考虑以下代码：

```
1 class GridSystemData3 {
2   public:
3     GridSystemData3();
4
5     virtual ~GridSystemData3();
6
7     void resize(
8         const Size3& resolution,
9         const Vector3D& gridSpacing,
10        const Vector3D& origin);
11
12    Size3 resolution() const;
13
14    Vector3D gridSpacing() const;
15
16    Vector3D origin() const;
17
18    BoundingBox3D boundingBox() const;
19
20    size_t addScalarData(
```

```
21            const ScalarGridBuilder3Ptr& builder,
22            double initialVal = 0.0);
23
24        size_t addVectorData(
25            const VectorGridBuilder3Ptr& builder,
26            const Vector3D& initialVal = Vector3D());
27
28        const FaceCenteredGrid3Ptr& velocity() const;
29
30        const ScalarGrid3Ptr& scalarDataAt(size_t idx) const;
31
32        const VectorGrid3Ptr& vectorDataAt(size_t idx) const;
33
34        size_t numberOfScalarData() const;
35
36        size_t numberOfVectorData() const;
37
38    private:
39        FaceCenteredGrid3Ptr _velocity;
40        std::vector<ScalarGrid3Ptr> _scalarDataList;
41        std::vector<VectorGrid3Ptr> _vectorDataList;
42    };
```

看起来很像，不是吗？该代码具有与 **ParticleSystemData3** 非常相似的接口。但是，我们在这个类中找不到 position 和 force 属性。position 属性不存在，是因为网格具有固定点位置并且可以动态计算。此外，由于基于网格的求解器计算动力学的方式，因此 force 属性被忽略了。当我们继续讨论 3.4 节的细节时，它会变得更加清晰，但简而言之，基于网格的引擎可以直接向速度场施加力，就像过滤器一样。因此，我们可以将速度场仅作为默认属性通道，让实际求解器决定是否要添加力通道。

除没有 position 和 force 属性外，另一个区别是来自 addScalarData 和 addVectorData 输入参数的网格构建器。两个函数的作用是创建特定于应用程序的网格通道并将其附加到系统，如颜色、密度和涡量，构建器用于在函数内部创建网格实例。引入这样的构建器模式，是因为我们可以有不同的网格点布局，例如以单元格为中心与以面为中心，这与粒子不同。构建器类派生自 **ScalarGridBuilder3** 和 **VectorGridBuilder3**：

```
1 class ScalarGridBuilder3 {
2   public:
3       ScalarGridBuilder3();
```

```
4
5      virtual ~ScalarGridBuilder3();
6
7      virtual ScalarGrid3Ptr build(
8          const Size3& resolution,
9          const Vector3D& gridSpacing,
10         const Vector3D& gridOrigin,
11         double initialVal) const = 0;
12 };
```

以及

```
1 class VectorGridBuilder3 {
2   public:
3      VectorGridBuilder3();
4
5      virtual ~VectorGridBuilder3();
6
7      virtual VectorGrid3Ptr build(
8          const Size3& resolution,
9          const Vector3D& gridSpacing,
10         const Vector3D& gridOrigin,
11         const Vector3D& initialVal) const = 0;
12 };
```

下面显示了实现构建器的示例:

```
1 class CellCenteredScalarGridBuilder3 final : public ScalarGridBuilder3 {
2   public:
3      CellCenteredScalarGridBuilder3();
4
5      ScalarGrid3Ptr build(
6          const Size3& resolution,
7          const Vector3D& gridSpacing,
8          const Vector3D& gridOrigin,
9          double initialVal) const override;
10 };
11
12 ScalarGrid3Ptr CellCenteredScalarGridBuilder3::build(
13     const Size3& resolution,
14     const Vector3D& gridSpacing,
15     const Vector3D& gridOrigin,
16     double initialVal) const {
17     return std::make_shared<CellCenteredScalarGrid3>(
18         resolution,
19         gridSpacing,
20         gridOrigin,
```

```
21          initialVal);
22 }
```

　　现在有一个数据收集类，它将成为基于网格的流体模拟器的数据模型。在下一节中，我们来了解如何在网格上定义微分算子。

3.3　微分算子

　　到目前为止，我们已经了解了如何将数据存储到网格中。如前所述，网格是标量场或向量场的数值表示。因此，向量微分算子，如梯度、散度、旋度和拉普拉斯算子，也可以在网格中定义。这些算子将成为计算流体动力学的构建块，类似于 2.3 节中的 SPH 求解器。

3.3.1　有限差分

　　1.3.5 节介绍过微分算子，构成该算子的关键要素是偏导数。那么我们该如何计算网格上的偏导数 $\partial/\partial x$？在 1.3.5.1 节中，我们将偏导数定义为场沿给定轴的斜率。由于有与轴对齐的网格点，因此可以通过获取两个网格点之间的差分来简单地计算斜率：

$$\frac{\partial f}{\partial x} \approx \frac{f^{i+1,j,k} - f^{i,j,k}}{\Delta x} \qquad (3.1)$$

其中，j 和 k 是网格点的索引，$f^{i,j,k}$ 是网格点 (i,j,k) 处的值。此外，Δx 是 x 方向上的网格间距。因此，上式可以计算两个数据点 $(i+1,j,k)$ 和 (i,j,k) 之间 x 方向的斜率。同样的过程也可以应用于 y 轴和 z 轴。类似地，$(i-1,j,k)$ 和 (i,j,k) 之间的斜率可以写为

$$\frac{\partial f}{\partial x} \approx \frac{f^{i,j,k} - f^{i-1,j,k}}{\Delta x} \qquad (3.2)$$

　　如果对这两个斜率进行平均，将得到中心点 (i,j,k) 处的近似斜率，即

$$\frac{\partial f}{\partial x} \approx \frac{f^{i+1,j,k} - f^{i-1,j,k}}{2\Delta x} \qquad (3.3)$$

计算+x方向斜率的式（3.1）被称为向前差分。计算反方向导数的式（3.2）被称为向后差分。最后一个对这两个斜率求平均的式（3.3）毫无疑问地被称为中心差分。图 3.7 说明了这 3 种方法。这种通过计算网格点之间的差分来近似一个量的技术被称为有限差分法（FDM）[30]。本书中大多数基于网格的微分算子实现都将使用这种 FDM 方法。

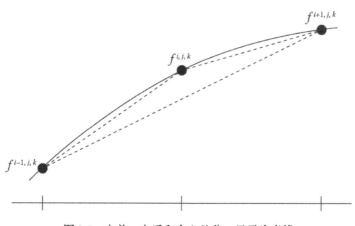

图 3.7　向前、向后和中心差分，显示为虚线

请注意，这些都是计算导数的近似值，意味着可能存在误差。在这 3 种方法中，中心差分法总体上给出了最好的答案。但是根据程序的不同，向前或向后差分方法可能更合适。例如，在波前背后的信息更有效的波传播问题中，向后差分可能优于其他两种方法。此外，还有更准确的方法，涉及更多的网格点。请注意，我们仅使用两个网格点来计算此处的导数。但是可以使用 3 个或更多点来构建样条（例如 1.3.6.3 节中的 Catmull‑Rom 样条），这样可以获得更好的结果[30]。关于精度，如果使用较小的网格尺寸，由于信息更密集，精度显然会提高。然而，一些数值方法比其他方法更快地收敛到零误差。例如，向前差分或向后差分的近似误差与网格大小成正比，因此为$O(\Delta x)$。另一方面，中心差分的误差是二次函数$O(\Delta x^2)$。因此，如果将网格间距减少一半，向前差分或向后差分的误差将变为原始误差的一半，而中心差分的误差可以减少为原始误差的四分之一。

我们现在了解了如何逼近一阶偏导数，那么拉普拉斯算子之类的二阶算子呢？实际上将想法扩展到更高阶非常简单；可以简单地将相同的导数近似应用于一阶结果。从我们想要计算导数的点(i, j, k)开始，可以说

$$g^{i+\frac{1}{2},j,k} = \frac{f^{i+1,j,k} - f^{i,j,k}}{\Delta x}$$
$$g^{i-\frac{1}{2},j,k} = \frac{f^{i,j,k} - f^{i-1,j,k}}{\Delta x} \tag{3.4}$$

其中，$g \approx \partial f / \partial x$。因此，这两个方程分别是向前差分和向后差分。可以对 g 应用中心差分以得到二阶导数 $h \approx \partial g / \partial x \approx \partial^2 f / \partial x^2$。最终可以写出

$$\frac{\partial^2 f}{\partial x^2} \approx \frac{g^{i+\frac{1}{2},j,k} - g^{i-\frac{1}{2},j,k}}{\Delta x} = \frac{f^{i+1,j,k} - 2f^{i,j,k} + f^{i-1,j,k}}{\Delta x^2} \tag{3.5}$$

我们现在对使用网格点计算偏导数有了基本的了解，再来看如何在网格上定义微分算子。

3.3.2 梯度

在这 4 个算子中，我们先从梯度（Gradient）说起。正如 1.3.5.2 节中介绍的那样，梯度用来计算标量场中变化的速率和方向。此属性可以用数学方式表示，如式（1.43）所示，即

$$\nabla f(\boldsymbol{x}) = \left(\frac{\partial f}{\partial x}(\boldsymbol{x}), \frac{\partial f}{\partial y}(\boldsymbol{x}), \frac{\partial f}{\partial z}(\boldsymbol{x}) \right) \tag{3.6}$$

如果应用中心差分式（3.3），该方程变为

$$\nabla f(\boldsymbol{x}) = \left(\frac{f^{i+1,j,k} - f^{i-1,j,k}}{2\Delta x}, \frac{f^{i,j+1,k} - f^{i,j-1,k}}{2\Delta y}, \frac{f^{i,j,k+1} - f^{i,j,k-1}}{2\Delta z} \right) \tag{3.7}$$

可以像下面这样，写出中心差分方程的代码：

```
1 Vector3D ScalarGrid3::gradientAtDataPoint(
2    size_t i, size_t j, size_t k) const {
3    double left = _data(i - 1, j, k);
4    double right = _data((i + 1, j, k);
5    double down = _data(i, j - 1, k);
6    double up = _data(i, j + 1, k);
7    double back = _data(i, j, k - 1);
8    double front = _data(i, j, k + 1);
9
10   return 0.5 * Vector3D(right - left, up - down, front - back)
11      / gridSpacing();
12 }
```

　　上述代码的一个问题是，如果(i,j,k)在边界处，函数会尝试访问边界外的网格点。在这种情况下，我们无法执行中心差分，因为网格外没有数据。这个问题的求解方案之一是通过外推内部值来定义边界外的"虚数"值。例如，如果$i=0$使得$i-1$不可用，则可以简单地说$i-1$处的值等于i。通过使用这种近似，代码增加了对边界情况的处理：

```cpp
1  Vector3D ScalarGrid3::gradientAtDataPoint(
2      size_t i, size_t j, size_t k) const {
3      const Size3 ds = _data.size();
4
5      double left = _data((i > 0) ? i - 1 : i, j, k);
6      double right = _data((i + 1 < ds.x) ? i + 1 : i, j, k);
7      double down = _data(i, (j > 0) ? j - 1 : j, k);
8      double up = _data(i, (j + 1 < ds.y) ? j + 1 : j, k);
9      double back = _data(i, j, (k > 0) ? k - 1 : k);
10     double front = _data(i, j, (k + 1 < ds.z) ? k + 1 : k);
11
12     return 0.5 * Vector3D(right - left, up - down, front - back)
13         / gridSpacing();
14 }
```

　　该函数可以计算给定网格点索引(i,j,k)处的梯度。如果想计算随机位置(x,y,z)的梯度，则最简单的方法是在查询位置附近对梯度做插值。看看下面的代码：

```cpp
1  Vector3D ScalarGrid3::gradient(const Vector3D& x) const {
2      std::array<Point3UI, 8> indices;
3      std::array<double, 8> weights;
4      _linearSampler.getCoordinatesAndWeights(x, &indices, &weights);
5
6      Vector3D result;
7
8      for (int i = 0; i < 8; ++i) {
9          result += weights[i] * gradientAtDataPoint(
10             indices[i].x, indices[i].y, indices[i].z);
11     }
12
13     return result;
14 }
```

　　成员变量 _linearSampler 是辅助类 LinearArraySampler3<double, double> 的实例，它包含与三线性插值相关的运算。函数 getCoordinatesAndWeights 返回网格点索引(i,j,k)和三线性插值权重。该函数使用索引和权重对周围 8 个网格点的梯度值进行插值。请注意，函数 ScalarGrid3::

gradient 正在覆盖 ScalarField3 类中的虚函数。

3.3.3 散度

第 2 个算子是散度（Divergence）。散度计算向量场在给定点的"汇"或"源"。如果重复 1.3.5 节中的等式，它可以写成

$$\nabla \cdot F(x) = \frac{\partial F_x}{\partial x} + \frac{\partial F_y}{\partial y} + \frac{\partial F_z}{\partial z} \tag{3.8}$$

应用中心差分，得到

$$\nabla \cdot F(x) \approx \frac{F_x^{i+1,j,k} - F_x^{i-1,j,k}}{2\Delta x} + \frac{F_y^{i,j+1,k} - F_y^{i,j-1,k}}{2\Delta y} + \frac{F_z^{i,j,k+1} - F_z^{i,j,k-1}}{2\Delta z} \tag{3.9}$$

与梯度类似，可以这样写代码：

```
1 Vector3D CollocatedVectorGrid3::divergenceAtDataPoint(
2     size_t i, size_t j, size_t k) const {
3     const Vector3D& gs = gridSpacing();
4
5     double left = _data(i - 1, j, k);
6     double right = _data((i + 1, j, k);
7     double down = _data(i, j - 1, k);
8     double up = _data(i, j + 1, k);
9     double back = _data(i, j, k - 1);
10    double front = _data(i, j, k + 1);
11
12    return (right - left) / (2.0 * gs.x)
13        + (up - down) / (2.0 * gs.y)
14        + (front - back) / (2.0 * gs.z);
15 }
```

同样，我们遇到了访问越界值的问题。采用与梯度实现相同的外推方法，代码可以重写为

```
1 Vector3D CollocatedVectorGrid3::divergenceAtDataPoint(
2     size_t i, size_t j, size_t k) const {
3     const Vector3D center = _data(i, j, k);
4     const Size3 ds = _data.size();
5     const Vector3D& gs = gridSpacing();
6
7     double left = _data((i > 0) ? i - 1 : i, j, k).x;
```

```
8     double right = _data((i + 1 < ds.x) ? i + 1 : i, j, k).x;
9     double down = _data(i, (j > 0) ? j - 1 : j, k).y;
10    double up = _data(i, (j + 1 < ds.y) ? j + 1 : j, k).y;
11    double back = _data(i, j, (k > 0) ? k - 1 : k).z;
12    double front = _data(i, j, (k + 1 < ds.z) ? k + 1 : k).z;
13
14    return 0.5 * (right - left) / gs.x
15        + 0.5 * (up - down) / gs.y
16        + 0.5 * (front - back) / gs.z;
17 }
```

请注意，我们在 CollocatedVectorGrid3 而非父类 VectorGrid3 中实现了此运算。这仅仅是因为在父类 VectorGrid3 中，我们不知道向量分量的位置（请参阅 3.2.1 节）。我们知道，在 CollocatedVectorGrid3 中，至少 x、y 和 z 分量是并置的。因此，可以编写如上所示的散度代码。但是 FaceCenteredGrid3 呢？该如何计算这种交错网格上的散度？

对于 FaceCenteredGrid3，我们将中心点移动到单元格中心，而不是数据点所在的位置。基于中心差分只需要来自邻居的数据点，而不是中心点本身，可以修改式（3.9）为

$$\nabla \cdot F(x) \approx \frac{F_x^{i+\frac{1}{2},j,k} - F_x^{i-\frac{1}{2},j,k}}{\Delta x} + \frac{F_y^{i,j+\frac{1}{2},k} - F_y^{i,j-\frac{1}{2},k}}{\Delta y} + \frac{F_z^{i,j,k+\frac{1}{2}} - F_z^{i,j,k-\frac{1}{2}}}{\Delta z} \qquad （3.10）$$

请注意，该方程采用一半的网格间距进行差分。图 3.8 比较了这两个方程，一个用于以单元格为中心的网格，另一个用于以面为中心的网格。

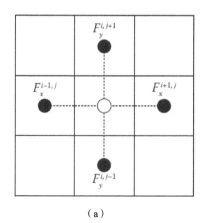
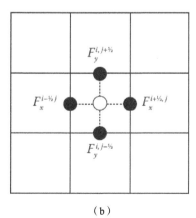

（a）　　　　　　　　　　　　　（b）

图 3.8　在二维空间中，使用（a）以单元格为中心的网格和（b）以面为中心的网格计算散度

可以像下面这样实现以面为中心的散度：

```
1  double FaceCenteredGrid3::divergenceAtCellCenter(
2      size_t i, size_t j, size_t k) const {
3      const Vector3D& gs = gridSpacing();
4
5      double leftU = _dataU(i, j, k);
6      double rightU = _dataU(i + 1, j, k);
7      double bottomV = _dataV(i, j, k);
8      double topV = _dataV(i, j + 1, k);
9      double backW = _dataW(i, j, k);
10     double frontW = _dataW(i, j, k + 1);
11
12     return (rightU - leftU) / gs.x
13         + (topV - bottomV) / gs.y
14         + (frontW - backW) / gs.z;
15 }
```

由于网格点的布局，对于给定的单元格索引(i, j, k)，$(i+1/2)$和$(i-1/2)$面的值可以通过访问**_dataU(i,j,k)**和**_dataU(i+1,j,k)**来读取（如图 3.6 所示）。同样的规则也适用于其他面。请注意，散度代码变得比并置网格中的代码更简单，甚至没有边界处理。此外，具有更小的网格尺寸的这种效果，意味着可以进一步提高精度。因此，如果程序涉及许多散度，则以面为中心的网格是存储向量场数据的不错选择。可以通过对周围网格点的散度值进行三线性插值来计算任意位置的散度，类似于 ScalarGrid3::gradient。

3.3.4　旋度

第 3 个算子是旋度（Curl），它计算向量场的旋转分量。旋度的方程是

$$\boldsymbol{\nabla} \times \boldsymbol{F}(\boldsymbol{x}) = \left(\frac{\partial}{\partial x}, \frac{\partial}{\partial y}, \frac{\partial}{\partial z}\right) \times \boldsymbol{F}(\boldsymbol{x}) \qquad （3.11）$$

同样，通过应用中心差分，得到

$$
\nabla \times F(x) = \left(\frac{F_z^{i,j+1,k} - F_z^{i,j-1,k}}{\Delta y} - \frac{F_y^{i,j,k+1} - F_y^{i,j,k-1}}{\Delta z} \right) i +
$$

$$
\left(\frac{F_x^{i,j,k+1} - F_x^{i,j,k-1}}{\Delta z} - \frac{F_z^{i+1,j,k} - F_z^{i-1,j,k}}{\Delta x} \right) j + \qquad (3.12)
$$

$$
\left(\frac{F_y^{i+1,j,k} - F_y^{i-1,j,k}}{\Delta x} - \frac{F_x^{i,j+1,k} - F_x^{i,j-1,k}}{\Delta y} \right) k
$$

这看起来有点复杂，其实就是 6 个中心差分的集合。对于并置网格，可以编写以下代码：

```
1 Vector3D CollocatedVectorGrid3::curlAtDataPoint(
2     size_t i, size_t j, size_t k) const {
3     const Size3 ds = _data.size();
4     const Vector3D& gs = gridSpacing();
5
6     Vector3D left = _data((i > 0) ? i - 1 : i, j, k);
7     Vector3D right = _data((i + 1 < ds.x) ? i + 1 : i, j, k);
8     Vector3D down = _data(i, (j > 0) ? j - 1 : j, k);
9     Vector3D up = _data(i, (j + 1 < ds.y) ? j + 1 : j, k);
10    Vector3D back = _data(i, j, (k > 0) ? k - 1 : k);
11    Vector3D front = _data(i, j, (k + 1 < ds.z) ? k + 1 : k);
12
13    double Fx_ym = down.x;
14    double Fx_yp = up.x;
15    double Fx_zm = back.x;
16    double Fx_zp = front.x;
17
18    double Fy_xm = left.y;
19    double Fy_xp = right.y;
20    double Fy_zm = back.y;
21    double Fy_zp = front.y;
22
23    double Fz_xm = left.z;
24    double Fz_xp = right.z;
25    double Fz_ym = down.z;
26    double Fz_yp = up.z;
27
28    return Vector3D(
29        0.5 * (Fz_yp - Fz_ym) / gs.y - 0.5 * (Fy_zp - Fy_zm) / gs.z,
30        0.5 * (Fx_zp - Fx_zm) / gs.z - 0.5 * (Fz_xp - Fz_xm) / gs.x,
31        0.5 * (Fy_xp - Fy_xm) / gs.x - 0.5 * (Fx_yp - Fx_ym) / gs.y);
32 }
```

它看起来很冗长，但它与散度的代码非常相似，只是更长。变量 `Fx_ym` 对应 $F_x^{i,j-1,k}$，`Fx_yp` 对应 $F_x^{i,j+1,k}$，以此类推。

由于交错的网格结构，从以面为中心的网格计算旋度可能很困难。但是，如果可以先定义邻域值，例如 $F_x^{i,j-1,k}$，则计算应该与并置网格完全相同。

首先考虑下面的函数：

```
1 Vector3D FaceCenteredGrid3::valueAtCellCenter(
2     size_t i, size_t j, size_t k) const {
3     return 0.5 * Vector3D(
4         _dataU(i, j, k) + _dataU(i + 1, j, k),
5         _dataV(i, j, k) + _dataV(i, j + 1, k),
6         _dataW(i, j, k) + _dataW(i, j, k + 1));
7 }
```

此函数从以面为中心的网格中获取单元格中心的插值。使用这个函数，可以为以面为中心的网格编写类似的旋度代码：

```
1 Vector3D FaceCenteredGrid3::curlAtCellCenter(
2     size_t i, size_t j, size_t k) const {
3     const Size3& res = resolution();
4     const Vector3D& gs = gridSpacing();
5
6     Vector3D left = valueAtCellCenter((i > 0) ? i - 1 : i, j, k);
7     Vector3D right = valueAtCellCenter((i + 1 < res.x) ? i + 1 : i, j, k);
8     Vector3D down = valueAtCellCenter(i, (j > 0) ? j - 1 : j, k);
9     Vector3D up = valueAtCellCenter(i, (j + 1 < res.y) ? j + 1 : j, k);
10     Vector3D back = valueAtCellCenter(i, j, (k > 0) ? k - 1 : k);
11     Vector3D front = valueAtCellCenter(i, j, (k + 1 < res.z) ? k + 1 : k);
12
13     double Fx_ym = down.x;
14     double Fx_yp = up.x;
15     double Fx_zm = back.x;
16     double Fx_zp = front.x;
17
18     double Fy_xm = left.y;
19     double Fy_xp = right.y;
20     double Fy_zm = back.y;
21     double Fy_zp = front.y;
22
23     double Fz_xm = left.z;
24     double Fz_xp = right.z;
25     double Fz_ym = down.z;
26     double Fz_yp = up.z;
```

```
27
28    return Vector3D(
29        0.5 * (Fz_yp - Fz_ym) / gs.y - 0.5 * (Fy_zp - Fy_zm) / gs.z,
30        0.5 * (Fx_zp - Fx_zm) / gs.z - 0.5 * (Fz_xp - Fz_xm) / gs.x,
31        0.5 * (Fy_xp - Fy_xm) / gs.x - 0.5 * (Fx_yp - Fx_ym) / gs.y);
32 }
```

3.3.5 拉普拉斯算子

我们继续讨论最后一个算子——拉普拉斯算子（Laplacian）。拉普拉斯算子计算场的曲率。根据 1.3.5 节，方程可以写成

$$\nabla^2 f(\pmb{x}) \approx \nabla \cdot \nabla f(\pmb{x}) = \frac{\partial^2 f(\pmb{x})}{\partial x^2} + \frac{\partial^2 f(\pmb{x})}{\partial y^2} + \frac{\partial^2 f(\pmb{x})}{\partial z^2} \qquad (3.13)$$

方程的中心差分形式可以写成

$$\nabla^2 f(\pmb{x}) \approx \frac{f^{i+1,j,k} - 2f^{i,j,k} + f^{i-1,j,k}}{\Delta x^2} + \frac{f^{i,j+1,k} - 2f^{i,j,k} + f^{i,j-1,k}}{\Delta y^2} +$$
$$\frac{f^{i,j,k+1} - 2f^{i,j,k} + f^{i,j,k-1}}{\Delta z^2} \qquad (3.14)$$

采用目前一直使用的相同模式，可以像下面这样写出相应的代码：

```
1 double ScalarGrid3::laplacianAtDataPoint(
2     size_t i, size_t j, size_t k) const {
3     const double center = _data(i, j, k);
4     const Size3 ds = _data.size();
5     const Vector3D gs = gridSpacing();
6
7     double dleft = 0.0;
8     double dright = 0.0;
9     double ddown = 0.0;
10    double dup = 0.0;
11    double dback = 0.0;
12    double dfront = 0.0;
13
14    if (i > 0) {
15        dleft = center - _data(i - 1, j, k);
16    }
17    if (i + 1 < ds.x) {
18        dright = _data(i + 1, j, k) - center;
19    }
```

```
20
21    if (j > 0) {
22        ddown = center - _data(i, j - 1, k);
23    }
24    if (j + 1 < ds.y) {
25        dup = _data(i, j + 1, k) - center;
26    }
27
28    if (k > 0) {
29        dback = center - _data(i, j, k - 1);
30    }
31    if (k + 1 < ds.z) {
32        dfront = _data(i, j, k + 1) - center;
33    }
34
35    return (dright - dleft) / square(gs.x)
36        + (dup - ddown) / square(gs.y)
37        + (dfront - dback) / square(gs.z);
38 }
```

我们现在已经看到了用于基于网格计算的最基本的算子。在下一节中，我们将了解如何在迄今为止探索的基础上构建基于网格的流体模拟。

3.4   流体模拟

到目前为止，我们一直专注于基础知识。我们首先介绍了如何存储和布置网格点，然后介绍了计算标量场和向量场的数学算子。在本节中，我们将最终构建第一个基于网格的流体模拟器。图 3.9 显示了基于网格的流体模拟器的一些示例。为了简化问题，我们将从单相流体开始，这意味着系统中只有一种流体。

如 1.7 节所述，驱动流体流动的 3 个关键组成部分是外力、黏性力和压力梯度力。在基于粒子的模拟中，我们计算了包括重力与拖曳力在内的外力。对于黏性力，拉普拉斯算子应用于速度场，在添加到力向量之前对其进行缩放。为了结合压力梯度力，我们计算了密度，转换为压力场，然后将场的梯度累加到力中。基于网格的方法和基于粒子的方法类似，除了还需要一个过程——对流。对流将在 3.4.2 节中解释，但简而言之，它是沿流体流动传递量或物质的过程。

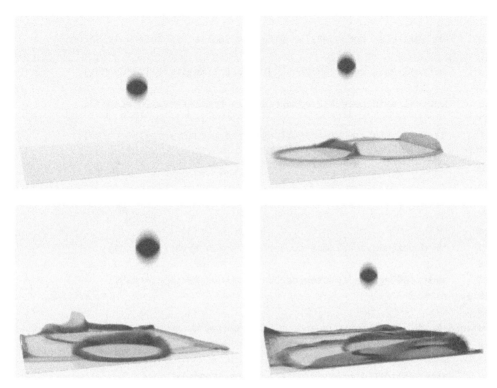

图 3.9　来自 Kim 和 Ko[65]基于网格的流体模拟器的示例结果，随机生成的水球会掉入水槽中

在基于网格的模拟中，这 4 步像过滤器一样被应用。每一步都将速度场作为输入，然后输出经过修改的速度场。这种基于过滤的方法可以被认为是在相同的时间间隔内一次模拟单个分量，而不是一次施加每个力。这显然是一个近似，因为现实世界的流体流动不会对力的影响进行时间分割，但分而治之的方法有助于更有效地处理每个力，尤其是压力。本书中用于处理压力问题的此类技术之一被称为分步法或压力校正/投影法[29,70]，图形界广泛引用 Stam 1999 年的著名论文 *Stable Fluids*[112]。为了实现这个更高层次的逻辑，下面定义了一个基础的求解器类：

```
1 class GridFluidSolver3 : public PhysicsAnimation {
2   public:
3       GridFluidSolver3();
4
5       virtual ~GridFluidSolver3();
6
7       ...
8
9   protected:
10      void onAdvanceTimeStep(double timeIntervalInSeconds) override;
```

```
11
12      virtual void computeExternalForces(double timeIntervalInSeconds);
13
14      virtual void computeViscosity(double timeIntervalInSeconds);
15
16      virtual void computePressure(double timeIntervalInSeconds);
17
18      virtual void computeAdvection(double timeIntervalInSeconds);
19
20      ...
21
22  private:
23      ...
24
25      void beginAdvanceTimeStep(double timeIntervalInSeconds);
26
27      void endAdvanceTimeStep(double timeIntervalInSeconds);
28  };
29
30  void GridFluidSolver3::onAdvanceTimeStep(double timeIntervalInSeconds) {
31      beginAdvanceTimeStep(timeIntervalInSeconds);
32
33      computeExternalForces(timeIntervalInSeconds);
34      computeViscosity(timeIntervalInSeconds);
35      computePressure(timeIntervalInSeconds);
36      computeAdvection(timeIntervalInSeconds);
37
38      endAdvanceTimeStep(timeIntervalInSeconds);
39  }
```

　　上面的代码显示了实现包含基于网格的流体模拟算法的基本特征的基类。新类继承自 PhysicsAnimation 类，重写了虚函数 onAdvanceTimeStep，实现了分数时间步法。从 ParticleSystemSolver3 可以看出，GridSystemSolver3 也只实现了计算逻辑，但是把所有的数据模型都放到了 GridSystemData3 中。请注意，onAdvanceTimeStep 依次调用了 4 个子函数。我们将在本章的其余部分介绍关于这些特性的更多细节。

3.4.1　碰撞处理

　　当用粒子模拟流体时，在时间积分之后通过检测穿透碰撞器表面的粒子并将它们重新定位到非穿透位置来处理碰撞（参见 2.5 节）。对于网格，约束流体流动的过程类似于基于粒子的方法。它是一种类似于过滤器的技术，可以修复试图穿透碰撞器的流体。

3.4.1.1 从碰撞器到带符号距离场

从 2.5 节开始，**Collider3** 类被定义为表示阻止流体流动穿透的固体障碍物。基于网格的框架也将相同的类实例作为输入。但在内部，将碰撞器表面转换为带符号距离场会对接下来的处理更加方便。因为经过转换，内部/外部测试和最近距离计算值可以缓存到网格中，这将加速碰撞器查询。现在考虑以下代码：

```
1 CellCenteredScalarGrid3 colliderSdf;
2
3 ...
4
5 Surface3Ptr surface = collider()->surface();
6 ImplicitSurface3Ptr implicitSurface
7    = std::dynamic_pointer_cast<ImplicitSurface3>(surface);
8
9 if (implicitSurface == nullptr) {
10    implicitSurface = std::make_shared<SurfaceToImplicit3>(surface);
11 }
12
13 colliderSdf.fill([&](const Vector3D& pt) {
14    return implicitSurface->signedDistance(pt);
15 });
```

在时间步长开始时，上述代码确定输入碰撞器是否具有隐式表面。如果它是隐式表面类型，则该函数会将带符号距离值直接从表面对象赋予带符号距离场缓存（**colliderSdf**）。如果它是非隐式表面类型，则代码会计算表面的最近点和法线，然后使用 **SurfaceToImplicit3** 类以几何方式计算带符号距离值。有关详细信息，请参阅 1.4.3 节。

3.4.1.2 边界条件

约束碰撞器边界附近流体流动的条件被称为边界条件。基于从碰撞器生成的带符号距离场，我们将边界条件应用于速度场以及与流相关的其他标量场或向量场。我们看看需要知道什么样的边界条件，以及如何将约束应用于场。

1. 无通量边界条件

首先，非穿透约束又称为无通量边界条件。这意味着碰撞器表面的速度不能有表面法向分量，而只能是平行的。在数学上，可以像下面这样写出这个条件：

$$u \cdot n = 0 \tag{3.15}$$

其中，u 是边界处流体的速度场，n 是同一位置的表面法线。

现在，由于碰撞器可以移动，可以将边界处的速度合并到方程中，该方程变为

$$(u - u_c) \cdot n = u_{\text{rel}} \cdot n = 0 \tag{3.16}$$

其中，u_c 是碰撞器的速度，$u_{\text{rel}} = u - u_c$ 是流体和碰撞器之间的相对速度。现在回顾 1.3.2 节中的向量投影

$$v^* = v - (v \cdot n)n \tag{3.17}$$

可以将 u_{rel} 投影到表面上，使其满足无通量边界条件

$$u_{\text{rel}}^* = u_{\text{rel}} - (u_{\text{rel}} \cdot n)n$$
$$u^* = u_{\text{rel}}^* + u_c \tag{3.18}$$

其中，u_{rel}^* 是投影的相对速度，u^* 是最终流体速度。要将此边界条件应用于速度场，必须迭代每个网格点；如果该点位于碰撞器边界，则将投影方程（3.18）应用于速度场。由于网格点通常不会与碰撞器的表面完全对齐，因此我们将速度投射到碰撞器内部。

在以面为中心的网格中，代码可以这样写：

```
1  auto u = velocity->uAccessor();
2  auto uPos = velocity->uPosition();
3
4  velocity->parallelForEachU([&](size_t i, size_t j, size_t k) {
5      Vector3D pt = uPos(i, j, k);
6      if (colliderSdf.sample(pt) <= 0.0) {
7          Vector3D colliderVel = collider()->velocityAt(pt);
8          Vector3D vel = velocity->sample(pt);
9          Vector3D g = colliderSdf.gradient(pt);
10         if (g.lengthSquared() > 0.0) {
11             Vector3D n = g.normalized();
12             Vector3D velp
13                 = (vel - colliderVel).projected(n) + colliderVel;
```

```
14          u(i, j, k) = velp.x;
15      } else {
16          u(i, j, k) = colliderVel.x;
17      }
18   }
19 });
```

为简单起见，只显示了 *u* 分量的投影。对 *v* 和 *w* 分量，很容易重复此运算。

请注意，我们目前实现的只是一个过滤器。它从网格点获取速度，并根据该点位置的边界形状对其进行修改。这是一个只关注局部信息的局部过程。然而，在许多情况下，碰撞器所在的速度场（SDF<0）没有很好的定义，并且经常在计算中被忽略。因此，首先需要用虚构值填充碰撞器边界内的速度场，然后运行过滤。请注意，这"不是"碰撞器的速度，而是将用于计算边界附近流体速度的虚构速度。该区域最常见的填充方式是将流体速度场外推到与边界表面法线方向相反的边界区域。采用 Batty 等人[14]的实现方式，可以像下面这样写出外推代码：

```
1 template <typename T>
2 void extrapolateToRegion(
3     const ConstArrayAccessor3<T>& input,
4     const ConstArrayAccessor3<char>& valid,
5     unsigned int numberOfIterations,
6     ArrayAccessor3<T> output) {
7     const Size3 size = input.size();
8     Array3<char> valid0(size);
9     Array3<char> valid1(size);
10
11    valid0.parallelForEachIndex([&](size_t i, size_t j, size_t k) {
12        valid0(i, j, k) = valid(i, j, k);
13        output(i, j, k) = input(i, j, k);
14    });
15
16    for (unsigned int iter = 0; iter < numberOfIterations; ++iter) {
17        valid0.forEachIndex([&](size_t i, size_t j, size_t k) {
18            T sum = 0;
19            unsigned int count = 0;
20
21            if (!valid0(i, j, k)) {
22                if (i + 1 < size.x && valid0(i + 1, j, k)) {
23                    sum += output(i + 1, j, k);
24                    ++count;
25                }
26
27                if (i > 0 && valid0(i - 1, j, k)) {
```

```
28                    sum += output(i - 1, j, k);
29                    ++count;
30                }
31
32                if (j + 1 < size.y && valid0(i, j + 1, k)) {
33                    sum += output(i, j + 1, k);
34                    ++count;
35                }
36
37                if (j > 0 && valid0(i, j - 1, k)) {
38                    sum += output(i, j - 1, k);
39                    ++count;
40                }
41
42                if (k + 1 < size.z && valid0(i, j, k + 1)) {
43                    sum += output(i, j, k + 1);
44                    ++count;
45                }
46
47                if (k > 0 && valid0(i, j, k - 1)) {
48                    sum += output(i, j, k - 1);
49                    ++count;
50                }
51
52                if (count > 0) {
53                    output(i, j, k)
54                        = sum / (T)count;
55                    valid1(i, j, k) = 1;
56                }
57            } else {
58                valid1(i, j, k) = 1;
59            }
60        });
61
62        valid0.swap(valid1);
63    }
64 }
```

在投影前调用此函数，将确保各处的速度符合无通量边界条件。

2. 自由滑移与无滑移边界条件

如果无通量边界条件约束表面法线方向的流动，则自由滑移与无滑移边界条件将描述流体速度的切向分量的行为。自由滑移边界条件允许流动在表面的切线方向上自由移动，而无滑移边界条件假设流体–固体界面处的速度为零。要应用自由滑移边界条件，在外推和投影之后无须执行任何运算。为了实现无滑移边界条件，可以将碰撞器的速度赋予碰撞器边界处和内部的网格点。但是介于自由滑移和无滑移之间的情况呢？

与 2.5 节中处理粒子碰撞摩擦的方式类似，我们也可以将摩擦效应应用于滑移条件。重写式（2.18），摩擦滤波可以写成

$$\boldsymbol{u}_t = \max\left(1 - \mu \frac{\max(-\boldsymbol{u} \cdot \boldsymbol{n}, 0)}{|\boldsymbol{u}_t|}, 0\right)\boldsymbol{u}_t \tag{3.19}$$

这也可以在 Zhu 和 Bridson 的文献[127]中找到。通过修改投影代码，可以编写如下等效代码：

```
1  auto u = velocity->uAccessor();
2  auto uPos = velocity->uPosition();
3
4  velocity->parallelForEachU([&](size_t i, size_t j, size_t k) {
5      Vector3D pt = uPos(i, j, k);
6      if (colliderSdf.sample(pt) <= 0.0) {
7          Vector3D colliderVel = collider()->velocityAt(pt);
8          Vector3D vel = velocity->sample(pt);
9          Vector3D g = colliderSdf.gradient(pt);
10         if (g.lengthSquared() > 0.0) {
11             Vector3D n = g.normalized();
12             Vector3D velr = vel - colliderVel;
13             Vector3D velt = velr.projected(n);
14             if (velt.lengthSquared() > 0) {
15                 double veln = std::max(-velr.dot(n), 0.0);
16                 double mu = collider()->frictionCoefficient();
17                 velt *= std::max(1 - mu * veln / velt.length(), 0.0);
18             }
19
20             Vector3D velp = velt + colliderVel;
21             u(i, j, k) = velp.x;
22         } else {
23             u(i, j, k) = colliderVel.x;
24         }
25     }
26 });
```

同样，为简单起见，上述代码仅显示了 $\boldsymbol{u}$ 分量的投影。

3. 诺伊曼与狄利克雷边界条件

到目前为止，我们已经介绍了速度场的边界条件。为了将约束推广到其他场，我们考虑两个更高级的边界条件：诺伊曼（Neumann）和狄利克雷（Dirichlet）边界条件。

对于给定的场 f，诺伊曼边界条件约束 f 在边界处的导数，使得

$$\frac{\partial f}{\partial n} = c \qquad (3.20)$$

其中，n 是边界的表面法线。例如，如果 c 为零，则意味着 f 不会越过边界发生变化。因此，无通量边界条件可以是诺伊曼边界条件的子集。

另一方面，狄利克雷边界条件将 f 本身约束在边界处，即

$$f = c \qquad (3.21)$$

如果 c 为零并应用于速度场，则它等效于无滑移条件。

3.4.2　对流

在流体动力学中，术语"对流"表示沿流动传递物质。例如，如果将无质量粒子洒在水流上，则它们将被动地沿着水流流动。对流问题在基于粒子的求解器中自动求解，因为粒子自身携带数据。另一方面，网格固定在空间中①，它只是观察流动。因此，当模拟不断发展时，数据应该从一个网格点转移到另一个网格点。

3.4.2.1　半拉格朗日方法

要处理对流问题，我们需要一个小技巧。在粒子世界中，请记住我们只是发射粒子来重新定位物理量。假设现有的网格点实际上是过去粒子发射的结果，它们一定是从某些位置开始的，但恰好完美地落在对齐的网格结构上。因此，诀窍是通过对附近的网格值进行线性插值来向后追溯并检查之前的网格值。这个概念如图 3.10 所示。这个方法也可以写成

---

① 有一些方法可以让网格在空间中移动[60]，但这些方法是为了有效地放置网格，不允许单独的网格点跟随流动。

$$f(x)^{n+1} = \tilde{f}(x - \Delta t u)^n \qquad\qquad （3.22）$$

其中，f表示我们想要沿流传输的数量，$\tilde{f}$是给定位置的线性插值。向量场u是携带f的流，上标n表示第n个时间步长，Δt是时间步长。因此，方程将回溯位置$x - \Delta t u$处的内插f^n赋予f^{n+1}。

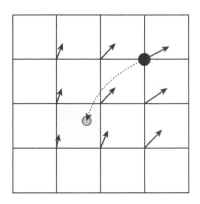

图 3.10　来自给定网格点的粒子通过跟随潜在的速度场被回溯；
它从回溯位置（灰点）采样值并将其赋予网格点（黑点）

这种技术被称为半拉格朗日方法。原因是我们经常将基于粒子的方法称为拉格朗日框架，该方法介于基于粒子和基于网格的方法之间（基于网格的方法通常也被称为欧拉框架）。

这种方法首先流行于模拟大气模型[113]，然后由 Jos Stam[112]引入计算机图形学领域。

由于以下两个特点，半拉格朗日方法是图形学领域处理对流问题最流行的方法之一。首先，新场始终保证在前一个场的最小值和最大值之间，因为它通过线性插值从旧场映射到新场。这是一个重要的特征，否则场可能会继续振荡或发散，最终会"炸毁"模拟。其次，该方法可以接收任意时间步长，而不会再次使系统发散。

与半拉格朗日方法不同，其他基于 FDM 的方法通常具有时间步长限制，因为它们近似对流方程的方式。为了更详细地理解这一点，我们以迎风法为例，这是处理对流问题的最典型的 FDM 方法。

首先，写出对流方程的原始非近似版本

$$\frac{\partial f}{\partial t} + u \cdot \nabla f = 0 \qquad (3.23)$$

这个方程式乍看之下难以理解，但是一旦转换成离散化版本，它就会变得更容易理解。为简单起见，我们将方程简化为一维问题，即

$$\frac{\partial f}{\partial t} + u\frac{\partial f}{\partial x} = 0 \qquad (3.24)$$

相同的等式可以写成

$$\frac{\partial f}{\partial t} = -u\frac{\partial f}{\partial x} \qquad (3.25)$$

迎风法的思想是对导数 $\frac{\partial f}{\partial x}$ 应用单向差分。所以上面的等式变成

$$\frac{\partial f}{\partial t} = \begin{cases} -u\dfrac{f_i - f_{i-1}}{\Delta x}, & u > 0 \\ -u\dfrac{f_{i+1} - f_i}{\Delta x}, & \text{其他} \end{cases} \qquad (3.26)$$

请注意，通过从上风方向取 f 来计算导数 $\dfrac{\partial f}{\partial x}$ 。如果 u 是正数，则从 $i-1$ 方向取导数；如果 u 是负数，则从 $i+1$ 方向取导数。为简单起见，假设 u 是正数。还可以用欧拉方法来近似 $\dfrac{\partial f}{\partial x}$ ，使得

$$f_i^{t+\Delta t} = f_i^t - \Delta t u\frac{f_i^t - f_{i-1}^t}{\Delta x} \qquad (3.27)$$

可以在图 3.11 中找到该等式的直观解释。请注意，在一维空间中，如果 $u\Delta t$ 小于网格间距 Δx，则迎风法与半拉格朗日方法相同。如果超过，则意味着回溯点（图中的灰点）将在第 $i-1$ 个边界之外。在半拉格朗日方法中，这不是问题，因为它将在两个附近的网格点之间执行线性插值。然而，迎风法仍将使用导数 $\dfrac{f_i^t - f_{i-1}^t}{\Delta x}$，这会使插值越界，如图 3.12 所示。因此，可以说，迎风法只有在 $u\Delta t/\Delta x < 1$ 时才稳定。这个度量 $u\Delta t/\Delta x$ 被称为 Courant 数，这个条件被称为 Courant-Friedrichs-Lewy（CFL）条件。我们也经常将 Courant 数称为 CFL 数。这是数值算法的通用度量，在迎风法中，我们称 CFL 极限为 1。另一方面，半拉格朗日方法是无条件稳定的（尽管精度是另一回事）。

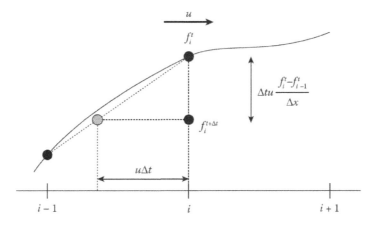

图 3.11　一维空间中迎风法的图示

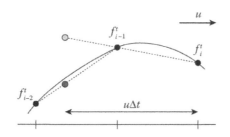

图 3.12　当$u\Delta t$大于网格间距Δx时，比较迎风法和半拉格朗日方法。
浅灰色点表示迎风法的插值，深灰色点表示半拉格朗日方法的插值

为了实现半拉格朗日方法，首先定义对流求解器的基类：

```
1 class AdvectionSolver3 {
2   public:
3       AdvectionSolver3();
4
5       virtual ~AdvectionSolver3();
6
7       virtual void advect(
8           const FaceCenteredGrid3& input,
9           const VectorField3& flow,
10          double dt,
11          FaceCenteredGrid3* output);
12 };
```

该类有一个单一的方法，它接收输入和输出网格，以及承载输入场的流场。请注意，该方法可以接受任意向量场作为背景流，而不必是网格。

可以通过下面的代码实现半拉格朗日方法对流求解器：

```
1  class SemiLagrangian3 : public AdvectionSolver3 {
2   public:
3       SemiLagrangian3();
4
5       virtual ~SemiLagrangian3();
6
7       void advect(
8           const FaceCenteredGrid3& input,
9           const VectorField3& flow,
10          double dt,
11          FaceCenteredGrid3* output) final;
12
13  protected:
14      Vector3D backTrace(
15          const VectorField3& flow,
16          double dt,
17          double h,
18          const Vector3D& pt0);
19  };
20
21  void SemiLagrangian3::advect(
22      const FaceCenteredGrid3& input,
23      const VectorField3& flow,
24      double dt,
25      FaceCenteredGrid3* output,
26      const ScalarField3& boundarySdf) {
27      auto inputSamplerFunc = input.sampler();
28
29      double h = std::max(output->gridSpacing().x, output->gridSpacing().y);
30
31      auto uTargetDataPos = output->uPosition();
32      auto uTargetDataAcc = output->uAccessor();
33      auto uSourceDataPos = input.uPosition();
34
35      output->parallelForEachU([&](size_t i, size_t j, size_t k) {
36          Vector3D pt = backTrace(
37          flow, dt, h, uTargetDataPos(i, j, k));
38          uTargetDataAcc(i, j, k) = inputSamplerFunc(pt).x;
39          });
40
41      //对流 v 和 w 分量
42      ...
43  }
```

为简单起见，代码仅显示 u 分量的对流。对于标量或并置网格，单个循环将

完 成 对 流 ， 但 以 面 为 中 心 的 网 格 需 要 3 个 循 环 。 在 上 面 的 代 码 中 ，inputSamplerFunc 是一个函数对象，它在内部为网格输入调用三线性插值函数（来自 1.3.6 节）。此外，函数 uPosition 返回一个函数对象，该对象返回给定网格索引(i, j, k)处的 u 位置数据，而 uAccessor 返回三维数组指针包装器，可以在(i, j, k)处获取和设置数据。最后，函数 backTrace 返回可以实现的回溯位置：

```
1 Vector3D SemiLagrangian3::backTrace(
2     const VectorField3& flow,
3     double dt,
4     const Vector3D& startPt) {
5     // Euler step
6     return pt0 - dt * flow.sample(pt0);
7 }
```

上面的实现使用简单的欧拉方法进行时间积分（1.6.2.4 节）来回溯虚粒子。

现在我们已经完成了半拉格朗日方法的基本实现，下面将介绍如何进一步提高该方法的性能。

3.4.2.2 提高回溯准确性

首先，我们的重点是回溯部分。回溯可以使半拉格朗日方法在时间步长方面具有鲁棒性，但这并不能保证数值解是准确的。例如，想象一个如图 3.13 所示的圆形流场。如果使用欧拉方法沿流回溯，由于该方法的线性逼近，它会从错误的位置采样。由于大多数流动都是非线性的，回溯也应该能够适应非线性、弯曲的流线。

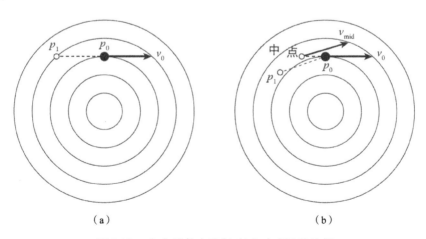

图 3.13　（a）欧拉方法与（b）中点法的比较

有许多不同的方法可以提高时间积分精度[30]，其中之一是中点法。当使用欧拉方法计算时间在当前位置的导数时，中点法在当前位置和新位置之间的中点计算它：

```
1 Vector3D SemiLagrangian3::backTrace(
2     const VectorField3& flow,
3     double dt,
4     double h,
5     const Vector3D& startPt,
6     const ScalarField3& boundarySdf) {
7     // 中点法
8     Vector3D midPt = startPt - 0.5 * dt * vel0;
9     Vector3D midVel = flow.sample(midPt);
10    pt1 = startPt - dt * midVel;
11
12    return pt1;
13 }
```

如我们所见，它首先使用一半时间步长执行传统的欧拉方法来计算中点的速度，然后计算中点速度并将其用于最后的欧拉步骤。图 3.13 说明了该过程。通过简单地执行两个级联的欧拉步骤，可以显著改善结果。

3.4.2.3　提高插值准确性

如前一节所述，半拉格朗日方法利用线性插值对任意位置的场值进行采样。如果网格分辨率非常高，则线性方法将起作用。但是如果网络分辨率不够高，它就会像前面讨论的线性欧拉方法一样出现近似误差。如果时间积分误差使解偏离流动，则此近似误差会使解耗散。这种由于数值误差而引起的意外耗散被称为数值耗散。如果应用于密度场对流，数值耗散将使场消散，从而使原始分布散开并丢失局部细节和净质量。在速度场的情况下，数值耗散会引入额外的黏性力。这将使流动失去涡流或漩涡，并使其像油一样太稠。因此，很明显，误差会严重影响最终结果。

已经有许多不同的方法来处理数值耗散问题。一种求解方案是使用根本没有对流步骤的基于粒子的方法。该内容将在本章末尾讨论，但在某些情况下，基于网格的方法比基于粒子的方法更适合。尽管如此，如果数值耗散是关键问题，则值得考虑基于粒子的方法。另一种求解方案是混合方法，使用粒子处理对流问题，并在其余步骤中应用基于网格的方法。混合方法将在第 4 章中详细介绍，总而言之，它们都是很好的求解方案，并在工业软件包中得到积极使用。还有纯粹基于网格的求解方案，专注于提高对流求解器的准确性；本节其余部分解释了这种方法。

在基于网格的求解方案中，有一些技术可以用三次多项式等高阶方法代替线性插值[42,67,110]。同样类似于 PCISPH 的想法，在处理对流问题时，也可以使用预测–校正方法[64,102]。此外，还有一些方法专注于速度场和涡流（或漩涡），并尝试通过采用湍流理论[71,93]或简单地向场中添加额外的涡流来处理子网格细节[42].

在本节中，将实现 Fedkiw 等人[42]提出的三次插值方法。该方法的基本思想是使用一系列 Catmull-Rom 样条插值代替三线性插值(Catmull-Rom 样条插值见 1.3.6 节)。然而，这种高阶插值方法将破坏原始半拉格朗日方法的关键特征之一。线性插值使用线性函数进行近似，该函数是单调的——函数的斜率要么为负，要么为正，允许插值返回原始场的最小值和最大值之间的有界解。然而，三次多项式不是单调的，这意味着解没有边界，并且会产生超调。图 3.14（虚线）展示了一个示例。

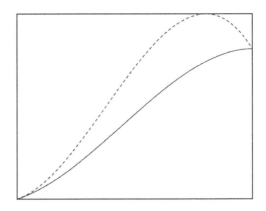

图 3.14　原始 Catmull-Rom 样条插值（虚线）及其单调版本（实线）

为了处理单调性问题，Fedkiw 等人[42]提出了一种截断方法，如果它产生任何超调，只需将样条函数末尾的导数截断为零。图 3.14（实线）显示了截断如何限制样条函数。可以像下面这样写出带有截断的新 Catmull-Rom 样条插值代码：

```
1 template <typename T>
2 inline T monotonicCatmullRom(
3     const T& f0,
4     const T& f1,
5     const T& f2,
6     const T& f3,
```

```
7      T f) {
8      T d1 = (f2 - f0) / 2;
9      T d2 = (f3 - f1) / 2;
10     T D1 = f2 - f1;
11
12     if (std::fabs(D1) < kEpsilonF) {
13         d1 = d2 = 0;
14     }
15
16     if (sign(D1) != sign(d1)) {
17         d1 = 0;
18     }
19
20     if (sign(D1) != sign(d2)) {
21         d2 = 0;
22     }
23
24     T a3 = d1 + d2 - 2 * D1;
25     T a2 = 3 * D1 - 2 * d1 - d2;
26     T a1 = d1;
27     T a0 = f1;
28
29     return a3 * cubic(f) + a2 * square(f) + a1 * f + a0;
30 }
```

在上面的代码中，d1 和 d2 分别是使用中心差分计算的插值区间开始和结束的导数。此外，D1 表示两个端点之间的差分，如图 3.14（b）所示。为了单调，应满足以下条件：

$$\begin{cases} \text{sign(d1)} = \text{sign(d2)} = \text{sign(D1)}, & D1 \neq 0 \\ \text{d1} = \text{d2} = 0, & D1 = 0 \end{cases} \quad (3.28)$$

上述代码中的 if 语句在条件不满足时应用截断，从而实现单调性。与三线性插值类似，多维单调三次插值可以通过级联每维插值来完成。二维和三维代码可以在 include/jet/detail/array_sampler2-inl.h 和 include/jet/detail/array_sampler3-inl.h 中找到。

图 3.15 显示了半拉格朗日方法的线性插值和单调三次插值版本，以比较它们在二维空间中的精度。此实验旋转带槽圆盘的带符号距离场，以检查所选求解器在多次旋转后是否保留输入形状的尖锐特征①。显然，单调三次插值版本显示出比

---

① 这个实验被称为 Zalesak 圆盘测试[39]。这是经典实验之一，用于评估对流求解器的表现。

线性插值版本更好的表现。

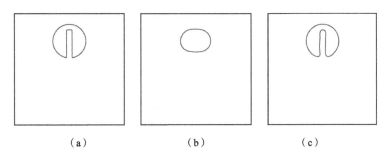

（a）　　　　　　　　　（b）　　　　　　　　　（c）

图 3.15　（a）原始 Zalesak 圆盘场，（b）线性半拉格朗日旋转两次后的结果，
以及（c）单调三次插值的结果

3.4.2.4　边界处理

在回溯过程中，终点可能在边界内。在这种情况下，只需在流体-固体界面[42]
处切断追踪线，如图 3.16 所示。对应的代码可以这样写：

```
1 Vector3D SemiLagrangian3::backTrace(
2     const VectorField3& flow,
3     double dt,
4     double h,
5     const Vector3D& startPt,
6     const ScalarField3& boundarySdf) {
7
8     //中点法
9     Vector3D midPt = startPt - 0.5 * dt * vel0;
10    Vector3D midVel = flow.sample(midPt);
11    pt1 = startPt - dt * midVel;
12
13    //边界处理
14    double phi0 = boundarySdf.sample(startPt);
15    double phi1 = boundarySdf.sample(pt1);
16
17    if (phi0 * phi1 < 0.0) {
18        double w = std::fabs(phi1) / (std::fabs(phi0) + std::fabs(phi1));
19        pt1 = w * pt0 + (1.0 - w) * pt1;
20        break;
21    }
22
23    return pt1;
24 }
```

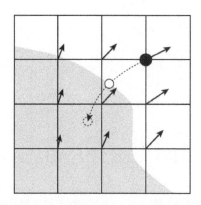

图 3.16　当在回溯过程中发现碰撞器时，轨迹将被限制在碰撞器边界处

到目前为止，我们一直在改进半拉格朗日方法实现的各个方面。示例代码仅展示了处理以面为中心的网格的对流问题，但同样的算法也可以轻松扩展到标量和并置向量网格。请参阅 include/jet/semi_lagrangian3.h 和 include/jet/semi_lagrangian3.cpp 中的实现。

最后，下面的代码显示了如何从 GridFluidSolver3 调用对流求解器：

```
1 void GridFluidSolver3::computeAdvection(double timeIntervalInSeconds) {
2     auto vel = velocity();
3     if (_advectionSolver != nullptr) {
4         //求解速度对流
5         auto vel0 = std::dynamic_pointer_cast<FaceCenteredGrid3>(vel->clone());
6         _advectionSolver->advect(
7             *vel0,
8             *vel0,
9             timeIntervalInSeconds,
10            vel.get(),
11            _colliderSdf);
12        applyBoundaryCondition();
13    }
14 }
```

在对流之前，首先复制当前速度场代码，然后让对流求解器将新值写入原始速度网格。另请注意，函数 applyBoundaryCondition 在求解对流后被调用。此函数应用 3.4.1 节中涵盖的边界条件。

3.4.3　重力

将重力应用于基于网格的求解器非常简单。然而，我们试图求解的模型是一种密度恒定的单相流体，这意味着重力的影响将被压力场中和（参见 1.7 节），从而使运动很无趣。但是由于重力将在我们介绍其他类型的模拟（如烟雾和空气-水模拟）时发挥主导作用，因此在 **GridFluidSolver3** 中实现了以下代码：

```
1 void GridFluidSolver3::computeGravity(double timeIntervalInSeconds) {
2     if (_gravity.lengthSquared() > kEpsilonD) {
3         auto vel = _grids->velocity();
4         auto u = vel->uAccessor();
5         auto v = vel->vAccessor();
6         auto w = vel->wAccessor();
7
8         if (std::abs(_gravity.x) > kEpsilonD) {
9             vel->forEachU([&](size_t i, size_t j, size_t k) {
10                u(i, j, k) += timeIntervalInSeconds * _gravity.x;
11            });
12        }
13
14        if (std::abs(_gravity.y) > kEpsilonD) {
15            vel->forEachV([&](size_t i, size_t j, size_t k) {
16                v(i, j, k) += timeIntervalInSeconds * _gravity.y;
17            });
18        }
19
20        if (std::abs(_gravity.z) > kEpsilonD) {
21            vel->forEachW([&](size_t i, size_t j, size_t k) {
22                w(i, j, k) += timeIntervalInSeconds * _gravity.z;
23            });
24        }
25
26        applyBoundaryCondition();
27    }
28 }
```

该代码首先查看每个重力分量是否非零，然后将其添加到速度场。

3.4.4　黏性力

正如 1.7.3 节和 SPH 求解器（2.3.2.3 节）中所述，黏性力是使流体变得黏稠的力。对于 SPH，是通过模糊一个粒子与其相邻粒子的速度来完成的。模糊过程又被称为耗散，我们可以将相同的想法用于基于网格的流体模拟。

3.4.4.1 用向前欧拉方法求解耗散项

根据式（1.82），黏性方程可写为

$$a_v = \mu \nabla^2 u \tag{3.29}$$

其中，a_v 是由黏性力产生的加速度，μ 是黏性系数，u 是速度。使用欧拉方法，可以将方程分解为

$$u^{n+1} = u^n + \Delta t \mu \nabla^2 u^n \tag{3.30}$$

其中，u^n 是第 n 帧的速度，Δt 是时间步长。这是一个可以直接映射到代码中的简单方程式。为了开始实现，首先为通用耗散求解器定义一个抽象基类：

```
1 class GridDiffusionSolver3 {
2   public:
3       GridDiffusionSolver3();
4       virtual ~GridDiffusionSolver3();
5
6       virtual void solve(
7           const ScalarGrid3& source,
8           double diffusionCoefficient,
9           double timeIntervalInSeconds,
10          ScalarGrid3* dest) = 0;
11
12      ...
13 };
```

虚函数 solve 接收输入网格、耗散系数和输出网格。要实现式（3.30），可以继承这个基类并使用 3.3.5 节中的中心差分来计算 $\nabla^2 u^n$：

```
1 class GridFowardEulerDiffusionSolver3 final : public GridDiffusionSolver3 {
2   public:
3       GridFowardEulerDiffusionSolver3();
4
5       void solve(
6       const ScalarGrid3& source,
7       double diffusionCoefficient,
8       double timeIntervalInSeconds,
9       ScalarGrid3* dest) override;
10
11      ...
```

```
12 };
13
14 void GridFowardEulerDiffusionSolver3::solve(
15     const ScalarGrid3& source,
16     double diffusionCoefficient,
17     double timeIntervalInSeconds,
18     ScalarGrid3* dest) {
19     Size3 size = source.dataSize();
20     source.forEachDataPoint(
21         [&](size_t i, size_t j, size_t k) {
22             (*dest)(i, j, k)
23                 = source(i, j, k)
24                 + diffusionCoefficient * timeIntervalInSeconds
25                 * source.laplacianAtDataPoint(i, j, k);
26         });
27 }
```

为简单起见，代码仅显示了使用 ScalarGrid3 的求解函数。另请注意，我们将类命名为 GridFowardEulerDiffusionSolver3，是因为我们使用的欧拉方法又被称为向前欧拉方法，它从当前状态向前推进。其他类似的实现可以轻松扩展。可以从 GridFluidSolver3 使用求解器：

```
1 void GridFluidSolver3::computeViscosity(
2     double timeIntervalInSeconds) {
3     if (_diffusionSolver != nullptr
4         && _viscosityCoefficient > kEpsilonD) {
5         auto vel = velocity();
6         auto vel0
7             = std::dynamic_pointer_cast<FaceCenteredGrid3>(vel->clone());
8
9         _diffusionSolver->solve(
10             *vel0,
11             _viscosityCoefficient,
12             timeIntervalInSeconds,
13             vel.get(),
14             _colliderSdf,
15             *fluidSdf());
16         applyBoundaryCondition();
17     }
18 }
```

3.4.4.2　耗散项求解器的稳定性

乍一看，向前欧拉方法的实现似乎已经足够好了。但是，该方法对于较大的时间步长仍不够稳健。如果使用大于某个阈值的时间步长，则它将产生具有非物理值的场。我们来看其中的原因。

为了更详细地理解问题，下面显示了一个简化的（来自我们之前看到的向前欧拉方法实现）一维代码：

```
1 double invGridSpacingSqr = 1.0 / square(grid.gridSpacing());
2
3 for(...) {
4     dest[i] = source[i]
5         + diffusionCoefficient * timeIntervalInSeconds
6         * (source[i + 1] - 2.0 * source[i] + source[i - 1])
7         * invGridSpacingSqr;
8 }
```

这段代码可以被重新组织成以下形式：

```
1 double invGridSpacingSqr = 1.0 / square(grid.gridSpacing());
2 double diffusionCoefficient = viscosityCoefficient * timeIntervalInSeconds;
3
4 for(...) {
5     double c = diffusionCoefficient * timeIntervalInSeconds *invGridSpacingSqr;
6     dest[i] = c * source[i + 1] + (1.0 - 2.0 * c) * source[i] + c *source[i - 1]);
7 }
```

请注意，我们编写的耗散代码实际上是一个三角形过滤器。变量 c 与滤波器核函数的宽度成正比；因此，更高的 c 意味着更模糊。图 3.17（a）显示了这个核函数的形状。现在 c 是时间步长 timeIntervalInSeconds、耗散系数 diffusionCoefficient 和网格间距 invGridSpacingSqr 的平方反比的组合。这意味着核函数的形状取决于这 3 个参数。问题是变量 c 有其限制，可能最低值为零（见图 3.17（b）），最高值为 0.5（见图 3.17（c））。否则，核函数将包含不属于中心差分的网格点，从而造成意外计算[①]。因此，可能耗散系数极限是 0.25*gridSpacingSquare/dt。在二维和三维空间的情况下，极限分别是 gridSpacingSquare/dt/8.0 和 gridSpacingSquare/dt/12.0。

如果想要非常黏稠的模拟，例如稠油和蜂蜜，这个限制可能会有问题。此外，如果增加分辨率，将减小网格间距，则限制将呈二次方下降。图 3.18 显示了如果 c 大于限制会发生什么。

---

① 我们也可以将此视为在 SPH 模拟中观察到的信息传播问题。

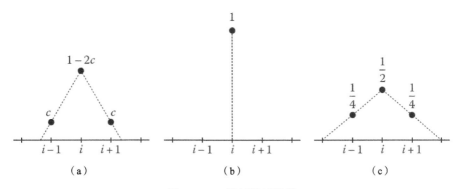

图 3.17　一维耗散滤波器

（a）一般情况（$1/2 < c < 1$）；（b）狄拉克函数（$c = 1$）；（c）最大宽度（$c = 1/2$）

正如前面简要提到的，我们一直使用的欧拉方法又被称为向前欧拉方法，而这个稳定性问题是向前欧拉方法的已知问题之一。来自 PCISPH（2.4 节）和 Runge-Kutta 方法（3.4.2 节）的预测–校正器是其他类型的向前时间积分方法，在准确性和稳定性方面都比向前欧拉方法具有更好的表现。然而，这些方法仍然是向前方法，并且 c 的稳定范围是有界的。

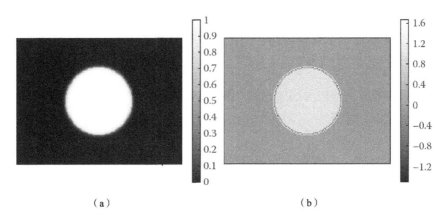

（a）　　　　　　　　　　　　（b）

图 3.18　稳定（a）耗数和不稳定（b）耗散是由较高的 c 引起的

3.4.4.3　用向后欧拉方法求解耗散项

为了处理这个问题，我们再来看式（3.30）：

$$f_{i,j,k}^{n+1} = f_{i,j,k}^{n} + \Delta t \mu L\left(f_{i,j,k}^{n}\right)$$

（3.31）

其中，L 代表中心差分。我们了解到，由于 L 的覆盖范围小，信息的传播仅限于相邻的邻居，单个格点的耗散不能超过两个格点。现在，一种可能的方法是增加 L 的覆盖范围。但是，这种方法不会扩展，因为如果黏性系数非常高，它最终应该覆盖整个区域，这意味着如果N是网格点的数量，则在单个网格点上计算L将花费$O(N^2)$的时间。

那么该如何处理信息传播问题呢？我们以一种稍微不同的方式来思考这个问题。问题是传播信息是有限制的，因为我们不知道在Δt之后会发生什么，我们必须小心地通知附近的网格点关于网格点发生了什么变化。但是如果每个网格点都知道未来会发生什么呢？这可能是一个递归语句，但如果知道数值解，则不必担心将更改传播到所有网格点，因为它们已经知道了更改的信息。

假设知道$f_{i,j,k}^{n+1}$，可以将式（3.31）更改为

$$f_{i,j,k}^{n+1} = f_{i,j,k}^{n} + \Delta t \mu L\left(f_{i,j,k}^{n+1}\right) \tag{3.32}$$

请注意，等式右侧的第二项已从n变为$n+1$，这仍然是一个有效的近似值。我们可以将其视为时间倒退而不是时间前进。因此，这种时间积分方法又被称为向后欧拉方法。然而，这个微小的变化对稳定性产生了巨大的影响。由于我们正在用未来状态更新当前状态，因此无须关心信息的传播，解将是无条件稳定的。无论使用什么时间步长或网格间距，仍然存在的问题是"我们如何知道未来的状态？"

现在我们将向后欧拉方法简化到一维，来看如何求解方程。通过调整式（3.32）中每一项的位置，得到

$$f_i^{n+1} - \Delta t \mu L\left(f_i^{n+1}\right) = f_i^n \tag{3.33}$$

左侧的所有项都有f^{n+1}，即未来状态，而右侧只有f^n。我们不知道未来的状态，这里的目标是计算它。由于整个方程是假设我们知道未来状态而设计的，因此它仍然是无条件稳定的。从式（3.33）展开L，可得到

$$f_i^{n+1} - \Delta t \mu \frac{f_{i+1}^{n+1} - 2f_i^{n+1} + f_{i-1}^{n+1}}{\Delta x^2} = f_i^n \tag{3.34}$$

这只是与 3.3.5 节的主要区别。重新组合各项，得到

$$-\frac{\Delta t \mu}{\Delta x^2}\left(f_{i+1}^{n+1} - \left(2 + \frac{\Delta x^2}{\Delta t \mu}\right)f_i^{n+1} + f_{i-1}^{n+1}\right) = f_i^n \tag{3.35}$$

进一步简化成

$$-cf_{i+1}^{n+1} + (2c+1)f_i^{n+1} - cf_{i-1}^{n+1} = f_i^n \qquad （3.36）$$

其中，$c = \Delta t \mu / \Delta x^2$。同样，$f^{n+1}$ 是一个未知数。但其他一切都是已知的，如果对每个 i 都进行迭代，将得到一组线性方程。例如，如果在这个一维系统中只有 3 个网格点，并假设 $c = 1$，则得到

$$-f_0^{n+1} + 3f_1^{n+1} - f_2^{n+1} = f_1^n$$

$$-f_1^{n+1} + 3f_2^{n+1} - f_3^{n+1} = f_2^n$$

$$-f_2^{n+1} + 3f_3^{n+1} - f_4^{n+1} = f_3^n$$

请注意，系统中没有 $i = 0$ 或 $i = 4$——它们是越界的。与 3.3.5 节中的方法类似，我们将边界的值扩展到 f_0 和 f_4，即

$$2f_1^{n+1} - f_2^{n+1} = f_1^n$$

$$-f_1^{n+1} + 3f_2^{n+1} - f_3^{n+1} = f_2^n$$

$$-f_2^{n+1} + 2f_3^{n+1} = f_3^n$$

现在有 3 个未知数（f_1^{n+1}、f_2^{n+1} 和 f_3^{n+1}）和 3 个线性方程。右侧的所有 f^n 都是已知值。如 1.3.4 节所示，可以将这些方程化为矩阵形式：

$$\begin{bmatrix} 2 & -1 & 0 \\ -1 & 3 & -1 \\ 0 & -1 & 2 \end{bmatrix} \cdot \begin{bmatrix} f_1^{n+1} \\ f_2^{n+1} \\ f_3^{n+1} \end{bmatrix} = \begin{bmatrix} f_1^n \\ f_2^n \\ f_3^n \end{bmatrix} \qquad （3.37）$$

请注意，左侧的矩阵是对称的。我们直接使用逆矩阵来处理这个系统，则数值解将是

$$\begin{bmatrix} f_1^{n+1} \\ f_2^{n+1} \\ f_3^{n+1} \end{bmatrix} = \frac{1}{8} \begin{bmatrix} 5 & 2 & 1 \\ 2 & 4 & 2 \\ 1 & 2 & 5 \end{bmatrix} \cdot \begin{bmatrix} f_1^n \\ f_2^n \\ f_3^n \end{bmatrix} \qquad （3.38）$$

这是什么意思？想一想将中间的网格点 f_2^n 设置为 1 而其他一切都为零的情况。这将在等式右侧形成向量 [0,1,0]，如果将其乘以上面的逆矩阵，则得到 [1/4,1/2,1/4]，这意味着原始场已经耗散到它的邻居。如果边界值 f_1^n 设置为 1，则将得到 [5/8,1/4,1/8]——从边界开始的耗散曲线。

可以将这个线性系统推广到任意数量的一维网格点和任意c，即

$$\begin{bmatrix} c+1 & -c & 0 & \dots & 0 \\ -c & 2c+1 & -c & \dots & 0 \\ \vdots & \vdots & \vdots & \ddots & \vdots \\ 0 & 0 & \dots & -c & c+1 \end{bmatrix} \cdot f^{n+1} = f^n \qquad (3.39)$$

现在向后欧拉方法的耗散问题变成了线性系统问题，即

$$A \cdot x = b \qquad (3.40)$$

因此，只需要关注构造矩阵A和求解方程（参见 1.3.4 节）即可。

将这个想法扩展到二维和三维也很简单。我们只需要知道如何将多维数组展开为向量f，求解方案非常简单：只需从i到k迭代(i,j,k)网格点，并将网格中的值附加到向量。因此，网格点(i,j,k)处的f映射到向量的第$i + \text{width} \cdot (j + \text{height} \cdot k)$行。然后，矩阵的一行对于对应相邻网格点的非对角线列将具有$-c$，对对角线列将具有$kc + 1$，其中，k是非边界外相邻点的数量。

为了了解如何构造和处理耗散问题的线性系统，我们首先创建一个名为GridBackwardEulerDiffusionSolver3 的类，它继承自 GridDiffusionSolver3。类似于我们之前看到的 GridForwardEulerDiffusionSolver3 类，该类有以下接口：

```
1  class GridBackwardEulerDiffusionSolver3 final : public GridDiffusionSolver3 {
2    public:
3        GridBackwardEulerDiffusionSolver3();
4
5        void solve(
6        const ScalarGrid3& source,
7        double diffusionCoefficient,
8        double timeIntervalInSeconds,
9        ScalarGrid3* dest) override;
10
11       ...
12
13   private:
14   FdmLinearSystem3 _system;
15   FdmLinearSystemSolver3Ptr _systemSolver;
16
17   void buildMatrix(
18   const Size3& size,
19   const Vector3D& c);
20
```

```
21 void buildVectors(const ConstArrayAccessor3<double>& f);
22 };
```

FdmLinearSystem3 类的定义见附录 C.1。简而言之，它由系统矩阵、右侧向量（在我们的例子中为 f^n）和解向量（在我们的例子中为 f^{n+1}）组成。可以像下面这样实现成员函数 GridBackwardEulerDiffusionSolver3::solve：

```
1  void GridBackwardEulerDiffusionSolver3::solve(
2      const ScalarGrid3& source,
3      double diffusionCoefficient,
4      double timeIntervalInSeconds,
5      ScalarGrid3* dest) {
6      Vector3D h = source.gridSpacing();
7      Vector3D c = timeIntervalInSeconds * diffusionCoefficient / (h * h);
8
9      buildMatrix(source.dataSize(), c);
10     buildVectors(source.constDataAccessor());
11
12     if (_systemSolver != nullptr) {
13         //求解系统
14         _systemSolver->solve(&_system);
15
16         //赋予数值解
17         source.parallelForEachDataPoint(
18             [&](size_t i, size_t j, size_t k) {
19                 (*dest)(i, j, k) = _system.x(i, j, k);
20             });
21     }
22 }
```

请注意，源码包括用于并置向量网格和面心网格的其他求解函数。为简单起见，这里以接收标量网格的函数为例。在任何情况下，上面的代码都首先构建矩阵和向量，然后求解线性系统以计算应用耗散的新场。要求解系统，可以使用任何线性系统求解器。但如果耗散系数和时间步长较高或网格间距较小，则首选共轭梯度型求解器。否则，高斯–赛德尔方法甚至雅可比方法可能都会起作用。然而，由于矩阵在实践中相当大[①]，要了解这些求解器的详细信息，请参阅附录 C。

可以像下面这样构建系统矩阵和向量：

```
1  void GridBackwardEulerDiffusionSolver3::buildMatrix(
2      const Size3& size,
3      const Vector3D& c) {
4      _system.A.resize(size);
```

---

① 行数和列数就是网格点数。因此，如果网格分辨率为 100×100×100，则元素数为 1000000。

```
5
6      //构建线性系统
7      _system.A.parallelForEachIndex(
8          [&](size_t i, size_t j, size_t k) {
9              auto& row = _system.A(i, j, k);
10
11             //初始化
12             row.center = 1.0;
13             row.right = row.up = row.front = 0.0;
14
15             if (i + 1 < size.x) {
16                 row.center += c.x;
17                 row.right -= c.x;
18             }
19
20             if (i > 0) {
21                 row.center += c.x;
22             }
23
24             if (j + 1 < size.y) {
25                 row.center += c.y;
26                 row.up -= c.y;
27             }
28
29             if (j > 0) {
30                 row.center += c.y;
31             }
32
33             if (k + 1 < size.z) {
34                 row.center += c.z;
35                 row.front -= c.z;
36             }
37
38             if (k > 0) {
39                 row.center += c.z;
40             }
41         });
42 }
43
44 void GridBackwardEulerDiffusionSolver3::buildVectors(
45     const ConstArrayAccessor3<double>& f) {
46     Size3 size = f.size();
47
48     _system.x.resize(size, 0.0);
49     _system.b.resize(size, 0.0);
50
```

```
51    //构建线性系统
52    _system.x.parallelForEachIndex(
53        [&](size_t i, size_t j, size_t k) {
54            _system.b(i, j, k) = _system.x(i, j, k) = f(i, j, k);
55        });
56 }
```

矩阵是逐行构建的。对于每一行，如果该点在网格范围内，则将 c 累加为每个邻居的对角线分量。对于非对角线列，赋予 $-c$。请注意，矩阵是对称的。因此，我们仅将 $-c$ 赋予 $+x$、$+y$ 和 $+z$ 方向。

现在我们已经实现了无条件稳定的耗散求解器。该求解器在求解具有更高网格分辨率和大时间步长的高黏性流动时非常有效（同样，对于三维系统 $\mu < \dfrac{\mu \Delta x^2}{12\Delta t}$）。否则，构造和求解线性系统的开销可能占主导地位，使用向前欧拉方法就足够了。

3.4.4.4　边界处理

求解耗散方程时，还应考虑边界条件。有关一般边界条件，请参见 3.4.1 节。

对于向前欧拉方法，只需一行代码来检查网格点是否在边界内：

```
1 void GridForwardEulerDiffusionSolver3::solve(
2    const ScalarGrid3& source,
3    double diffusionCoefficient,
4    double timeIntervalInSeconds,
5    ScalarGrid3* dest,
6    const ScalarField3& boundarySdf) {
7    auto pos = source.dataPosition();
8
9    source.parallelForEachDataPoint(
10        [&](size_t i, size_t j, size_t k) {
11            if (!isInsideSdf(boundarySdf.sample(pos(i, j, k)))) {
12                (*dest)(i, j, k)
13                    = source(i, j, k)
14                    + diffusionCoefficient
15                    * timeIntervalInSeconds
16                    * source.laplacianAtDataPoint(i, j, k);
17            }
18        });
19 }
```

首先假设输入场已通过上一步中的函数 applyBoundaryCondition（参见

3.4.1 节）正确设置在对象区域内。然后应用求解器来计算流体网格点的新值。最后通过调用函数 `applyBoundaryCondition` 来设置对象内部的场来应用边界条件。正如我们之前在 `GridFluidSolver3-::computeViscosity` 中看到的那样，这一切都在父类 `GridFluidSolver3` 中进行管理。

为向后欧拉方法应用边界条件有点复杂。由于该方法构造未知值矩阵，因此需要将边界条件隐式编码到矩阵中。为了了解更多细节，我们回到一维示例，即

$$\begin{bmatrix} 2 & -1 & 0 \\ -1 & 3 & -1 \\ 0 & -1 & 2 \end{bmatrix} \cdot \begin{bmatrix} f_1^{n+1} \\ f_2^{n+1} \\ f_3^{n+1} \end{bmatrix} = \begin{bmatrix} f_1^n \\ f_2^n \\ f_3^n \end{bmatrix} \quad (3.41)$$

假设点 3 被固体物体占据。如果边界是诺伊曼型的，则可以将点 2 外推到点 3，使 f_3^{n+1} 与 f_2^{n+1} 相同。这将从 (1,2) 中取出 -1，从 (1,1) 中取出 1。第三行和第三列也不再需要，因为它不是计算的一部分。因此，矩阵变为

$$\begin{bmatrix} 2 & -1 \\ -1 & 2 \end{bmatrix} \cdot \begin{bmatrix} f_1^{n+1} \\ f_2^{n+1} \end{bmatrix} = \begin{bmatrix} f_1^n \\ f_2^n \end{bmatrix} \quad (3.42)$$

如果边界条件是狄利克雷型的，这意味着我们知道 f_3^{n+1} 的解。与向前欧拉方法类似，如果假设在求解耗散方程之前已经调用了函数 `applyBoundaryCondition`，则求解将为 $f_3^{n+1} = f_3^n$。因此，可以将 f_3^{n+1} 从左侧移动到右侧，即

$$\begin{bmatrix} 2 & -1 \\ -1 & 3 \end{bmatrix} \cdot \begin{bmatrix} f_1^{n+1} \\ f_2^{n+1} \end{bmatrix} = \begin{bmatrix} f_1^n \\ f_2^n + f_3^n \end{bmatrix} \quad (3.43)$$

将这个想法推广到三维和任意 c，边界条件可以实现为：

```
1  const char kFluid = 0;
2  const char kBoundary = 1;
3
4  GridBackwardEulerDiffusionSolver3::GridBackwardEulerDiffusionSolver3(
5      BoundaryType boundaryType) : _boundaryType(boundaryType) {
6      ...
7  }
8
9  void GridBackwardEulerDiffusionSolver3::buildMatrix(
10     const Size3& size,
11     const Vector3D& c) {
12     _system.A.resize(size);
13
14     bool isDirichlet = _boundaryType == Dirichlet;
```

```
15
16    //构造线性系统
17    _system.A.parallelForEachIndex([&](size_t i, size_t j, size_t k) {
18        auto& row = _system.A(i, j, k);
19
20        //初始化
21        row.center = 1.0;
22        row.right = row.up = row.front = 0.0;
23
24        if (_markers(i, j, k) == kFluid) {
25            if (i + 1 < size.x) {
26                if (isDirichlet || _markers(i + 1, j, k) == kFluid) {
27                    row.center += c.x;
28                }
29
30                if (_markers(i + 1, j, k) == kFluid) {
31                    row.right -= c.x;
32                }
33            }
34
35            if (i > 0 && (isDirichlet || _markers(i - 1, j, k) == kFluid)) {
36                row.center += c.x;
37            }
38
39            //对 j + 1、j - 1、k + 1 和 k -1 重复相同的过程
40            ...
41        }
42    });
43 }
44 void GridBackwardEulerDiffusionSolver3::buildVectors(
45    const ConstArrayAccessor3<double>& f,
46    const Vector3D& c) {
47    Size3 size = f.size();
48
49    _system.x.resize(size, 0.0);
50    _system.b.resize(size, 0.0);
51
52    //构建线性系统
53    _system.x.parallelForEachIndex([&](size_t i, size_t j, size_t k) {
54        _system.b(i, j, k) = _system.x(i, j, k) = f(i, j, k);
55
56        if (_boundaryType == Dirichlet && _markers(i, j, k) == kFluid) {
57            if (i + 1 < size.x && _markers(i + 1, j, k) == kBoundary) {
58                _system.b(i, j, k) += c.x * f(i + 1, j, k);
59            }
60
```

```
61                if (i > 0 && _markers(i - 1, j, k) == kBoundary) {
62                    _system.b(i, j, k) += c.x * f(i - 1, j, k);
63                }
64
65                //对 j + 1、j - 1、k + 1和 k - 1 重复相同的过程
66                ...
67            }
68    });
69 }
```

这里，标记 _boundaryType 为 Neumann 或 Dirichlet。此外，_markers 是一个三维数组，如果点未被对象占用，则标记为 kFluid；如果点在对象内部，则标记为 kBoundary。如图 3.19 所示，诺伊曼边界条件让场即使在固体边界的边缘也均匀耗散。然而，狄利克雷边界条件使耗散受到摩擦，使得界面附近的耗散较少。

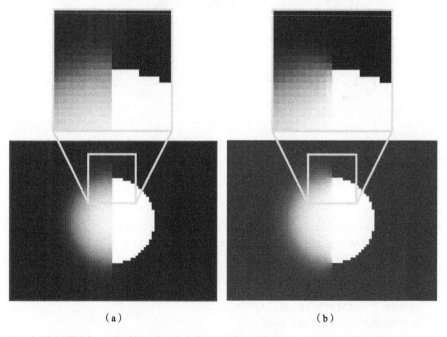

（a）　　　　　　　　　　　　　　　（b）

图 3.19　如果在圆圈内，则初始场设置为白色，否则设置为黑色；区域的右半部分设置为实心区域
（a）诺伊曼边界条件适用于左侧；（b）狄利克雷边界条件适用于右侧

3.4.5　压力与不可压性

我们来看压力及其梯度。正如 1.7.2 节和第 2 章所讲，压力梯度力是流体动力学的核心组成部分之一，并且与密度高度相关。例如，当使用 SPH 模拟流体时，我

们首先根据密度计算压力，然后施加梯度力以均匀地移动密度场，使其重新分布。

我们也可以对网格采用类似的方法，即根据密度计算压力，然后应用梯度。然而，该方法基于向前积分，就像 3.4.4 节中的向前欧拉耗散求解器一样。使用原始的 SPH 方法，这样的集成带来了压缩/振荡问题，并且引入了预测-校正器来处理该问题。但该方法仍然属于向前方法，绝对不是无条件无振荡的。正如我们在同一节中已经介绍的，是否有可能制定一种向后方法来处理压力呢？

重复 1.7.2 节中的方程式，由压力梯度引起的加速度可写为

$$a_p = -\frac{\nabla p}{\rho}$$

$$\begin{bmatrix} 2 & -1 \\ -1 & 3 \end{bmatrix} \cdot \begin{bmatrix} f_1^{n+1} \\ f_2^{n+1} \end{bmatrix} = \begin{bmatrix} f_1^n \\ f_2^n + f_3^n \end{bmatrix} \tag{3.44}$$

将欧拉方法应用于加速度，得到

$$u^{n+1} = u^n - \Delta t \frac{\nabla p}{\rho} \tag{3.45}$$

根据式（3.45），假设密度 ρ 是常数。此外，时间步长 Δt 对于每个网格点都是一个常数值。可以将等式简化为

$$u^{n+1} = u^n - \nabla p^* \tag{3.46}$$

其中，$p^* = \Delta t \frac{\nabla p}{\rho}$。与向后欧拉方法类似，我们不知道压力 p。向前方法将接收当前密度误差来计算压力。因此，从向后欧拉方法的意义上讲，可以通过使密度误差为零来推断这个仍然未知的压力。零密度误差意味着密度应保持恒定，这使得 1.7.4 节中的式（1.85）变成

$$\nabla \cdot u^{n+1} = 0 \tag{3.47}$$

我们可以将 u^n 视为对流、重力和耗散之后的中间速度场。因此，$\nabla \cdot u^n$ 可能不为零。但是，$-\nabla p^*$ 是将产生散度的速度投射出来的力，使最终速度场 $\nabla \cdot u^{n+1}$ 为零。

基于这个假设，我们对式（3.46）应用散度，等式会变为

$$\nabla \cdot u^{n+1} = \nabla \cdot u^n - \nabla \cdot \nabla p^* \tag{3.48}$$

根据式（3.47）的假设，左侧变为零。另外，根据拉普拉斯算子的定义，即 $\nabla \cdot \nabla = \nabla^2$，式（3.48）可以改写为

$$\nabla^2 p^* = \nabla \cdot \boldsymbol{u}^n \tag{3.49}$$

右侧是已知值，而左侧是未知值。看起来是不是很熟悉？是的，这是另一个类似于向后欧拉方法耗散求解器的线性系统。这个新的线性系统又被称为压力泊松方程（PPE），通过求解该系统，可以得到正确的压力来保持速度场无散度（$\nabla \cdot \boldsymbol{u} = 0$）。例如，使用中心差分的一维 PPE 为

$$\frac{p_{i+1}^* - 2p_i^* + p_{i-1}^*}{\Delta x^2} = \frac{u_{i+1/2}^n - u_{i-1/2}^n}{\Delta x} \tag{3.50}$$

请注意，p_{i-1}^* 或 p_{i+1}^* 可能是越界的。在这种情况下，我们可以将 p^* 外推到邻居，如果 p_{i-1}^* 在边界之外，则左侧将变为 $\dfrac{p_{i+1}^* - p_i^*}{\Delta x^2}$。这种外推对于压力特别有意义，因为这意味着 p_i^* 和 p_{i-1}^* 之间的差为零，因此在区域边界的法线方向上不会产生压力梯度力。除非明确建模，否则不从区域边界引入任何源总是安全的。但是，请注意右侧使用网格的一半进行中心差分，这意味着我们将对速度场使用以面为中心的网格；允许为这种有限差分（$2\Delta x$ 对 Δx）使用更小的网格间距，意味着可以获得更好的精度。将方程重写为矩阵形式，变为

$$\frac{1}{\Delta x^2} \begin{bmatrix} 1 & -1 & 0 & 0 & \dots \\ -1 & 2 & -1 & 0 & \dots \\ 0 & -1 & 2 & -1 & \dots \\ \vdots & \vdots & \vdots & \vdots & \ddots \end{bmatrix} \cdot \begin{bmatrix} p_1^* \\ p_2^* \\ p_3^* \\ \vdots \end{bmatrix} = \frac{-1}{\Delta x} \begin{bmatrix} u_{3/2}^n - u_{1/2}^n \\ u_{5/2}^n - u_{3/2}^n \\ u_{7/2}^n - u_{5/2}^n \\ \vdots \end{bmatrix} \tag{3.51}$$

这里要注意的另一个变化是，我们翻转了矩阵的符号，以便对角线元素可以有正号。如果使用假定正对角线元素（例如共轭梯度）的线性系统求解器，则这是必需的[①]。无论如何，当推广到二维和三维时，对角线元素将是有效（非边界或位于碰撞器内部）邻居的数量。如果无效，则非对角线列将具有 -1。

3.4.5.1　构建矩阵

现在我们来看如何实现压力求解器。类似于耗散求解器，首先构建矩阵，求

---

① 更具体地说，系统矩阵必须是共轭梯度型求解器的正定矩阵。参见 Klein 的文献[72]，以更好地理解正定矩阵。

解系统，然后应用求解方案。因此，起始代码可以写成：

```
1 class GridPressureSolver3 {
2   public:
3       GridPressureSolver3();
4
5       virtual ~GridPressureSolver3();
6
7       virtual void solve(
8           const FaceCenteredGrid3& input,
9           double timeIntervalInSeconds,
10          FaceCenteredGrid3* output,
11          const ScalarField3& boundarySdf) = 0;
12
13      ...
14 };
15
16 class GridSinglePhasePressureSolver3 : public GridPressureSolver3 {
17   public:
18       GridSinglePhasePressureSolver3();
19
20       virtual ~GridSinglePhasePressureSolver3();
21
22       void solve(
23           const FaceCenteredGrid3& input,
24           double timeIntervalInSeconds,
25           FaceCenteredGrid3* output,
26           const ScalarField3& boundarySdf) override;
27
28       ...
29
30   protected:
31       FdmLinearSystem3 _system;
32       FdmLinearSystemSolver3Ptr _systemSolver;
33       Array3<char> _markers;
34
35       void buildMarkers(
36           const Size3& size,
37           const std::function<Vector3D(size_t, size_t, size_t)>& pos,
38           const ScalarField3& boundarySdf);
39
40       virtual void buildSystem(const FaceCenteredGrid3& input);
41
42       virtual void applyPressureGradient(
43           const FaceCenteredGrid3& input,
44           FaceCenteredGrid3* output);
```

```
45 };
46
47 void GridSinglePhasePressureSolver3::solve(
48     const FaceCenteredGrid3& input,
49     double timeIntervalInSeconds,
50     FaceCenteredGrid3* output,
51     const ScalarField3& boundarySdf) {
52     auto pos = input.cellCenterPosition();
53     buildMarkers(
54     input.resolution(),
55     pos,
56     boundarySdf);
57     buildSystem(input);
58
59     if (_systemSolver != nullptr) {
60         //求解系统
61         _systemSolver->solve(&_system);
62
63         //应用压力梯度
64         applyPressureGradient(input, output);
65     }
66 }
```

同样，这与向后欧拉耗散求解器非常相似。主要函数 **solve** 从标记网格点开始，以对该点是否落入碰撞器进行分类。构建 PPE 矩阵和散度向量，代码如下：

```
1 const char kFluid = 0;
2 const char kBoundary = 1;
3
4 ...
5
6 void GridSinglePhasePressureSolver3::buildSystem(
7     const FaceCenteredGrid3& input) {
8     Size3 size = input.resolution();
9     _system.A.resize(size);
10    _system.x.resize(size);
11    _system.b.resize(size);
12
13    Vector3D invH = 1.0 / input.gridSpacing();
14    Vector3D invHSqr = invH * invH;
15
16    //构建线性系统
17    _system.A.parallelForEachIndex([&](size_t i, size_t j, size_t k) {
18        auto& row = _system.A(i, j, k);
19
20        //初始化
```

```
21        row.center = row.right = row.up = row.front = 0.0;
22        _system.b(i, j, k) = 0.0;
23
24        if (_markers(i, j, k) == kFluid) {
25            //将散度作为线性方程组右端项
26            _system.b(i, j, k) = input.divergenceAtCellCenter(i, j, k);
27
28            //如果邻居单元位于 i + 1
29            if (i + 1 < size.x && _markers(i + 1, j, k) != kBoundary) {
30                row.center += invHSqr.x;
31                row.right -= invHSqr.x;
32            }
33
34            if (i > 0 && _markers(i - 1, j, k) != kBoundary) {
35                row.center += invHSqr.x;
36            }
37
38            //对 j + 1、j - 1、k + 1 和 k - 1 重复相同的过程
39            ...
40
41        } else {
42            row.center = 1.0;
43        }
44    });
45 }
```

代码简单地迭代网格点的所有邻居，如果该点被标记为 kFluid，则将值累加到对角线和非对角线列（row.center 和其他）。类似于向后欧拉耗散矩阵，排除 kBoundary 标记网格点的贡献，意味着我们为中心点和标记的邻居设置相同的压力，这样就没有梯度进入或离开界面（这是诺伊曼边界条件）。此外，矩阵是对称的，我们仅将值赋予中心、右邻居和上邻居。

处理了系统后，我们就得到了压力。为了完成这个过程，我们计算压力梯度并将其应用于速度场：

```
1 void GridSinglePhasePressureSolver3::applyPressureGradient(
2     const FaceCenteredGrid3& input,
3     FaceCenteredGrid3* output) {
4     Size3 size = input.resolution();
5     auto u = input.uConstAccessor();
6     auto v = input.vConstAccessor();
7     auto w = input.wConstAccessor();
8     auto u0 = output->uAccessor();
9     auto v0 = output->vAccessor();
10    auto w0 = output->wAccessor();
```

```
11
12    Vector3D invH = 1.0 / input.gridSpacing();
13
14    _system.x.parallelForEachIndex([&](size_t i, size_t j, size_t k) {
15        if (_markers(i, j, k) == kFluid) {
16            if (i + 1 < size.x && _markers(i + 1, j, k) != kBoundary) {
17                u0(i + 1, j, k)
18                    = u(i + 1, j, k)
19                    + invH.x
20                    * (_system.x(i + 1, j, k) - _system.x(i, j, k));
21            }
22
23            // 对 for j + 1、j - 1、k + 1和 k - 1 重复相同的过程
24            ...
25        }
26    });
27 }
```

请注意，碰撞器边界的编码依赖于标记。标记为真（1）或假（0），因此将碰撞器形状视作一组乐高积木。边界的锯齿可能会带来混叠伪影，并且可以通过使用分数而不是标记来改善。例如，如果实体占据网格单元格的一半，则使用 0.5 作为分数。这种分数法是由 Batty 等人[13]提出的。下面的代码显示了他们的研究[14]中采用的实现。

```
1 class GridFractionalSinglePhasePressureSolver3
2     : public GridPressureSolver3 {
3  public:
4     ...
5
6    void solve(
7        const FaceCenteredGrid3& input,
8        double timeIntervalInSeconds,
9        FaceCenteredGrid3* output,
10       const ScalarField3& boundarySdf) override;
11
12   ...
13 };
14
15 template <typename T>
16 T isInsideSdf(T phi) {
17    return phi < 0;
18 }
19
20 template <typename T>
```

```
21 T fractionInsideSdf(T phi0, T phi1) {
22     if (isInsideSdf(phi0) && isInsideSdf(phi1)) {
23         return 1;
24     } else if (isInsideSdf(phi0) && !isInsideSdf(phi1)) {
25         return phi0 / (phi0 - phi1);
26     } else if (!isInsideSdf(phi0) && isInsideSdf(phi1)) {
27         return phi1 / (phi1 - phi0);
28     } else {
29         return 0;
30     }
31 }
32
33 void GridFractionalSinglePhasePressureSolver3::buildSystem(
34     const FaceCenteredGrid3& input) {
35     Size3 size = input.resolution();
36     _system.A.resize(size);
37     _system.x.resize(size);
38     _system.b.resize(size);
39
40     Vector3D invH = 1.0 / input.gridSpacing();
41     Vector3D invHSqr = invH * invH;
42
43     //构建线性系统
44     _system.A.parallelForEachIndex([&](size_t i, size_t j, size_t k) {
45         auto& row = _system.A(i, j, k);
46
47         //初始化
48         row.center = row.right = row.up = row.front = 0.0;
49         _system.b(i, j, k) = 0.0;
50
51         double term;
52
53         if (i + 1 < size.x) {
54             term = _uWeights(i + 1, j, k) * invHSqr.x;
55             row.center += term;
56             row.right -= term;
57             _system.b(i, j, k)
58                 += _uWeights(i + 1, j, k)
59                 * input.u(i + 1, j, k) * invH.x;
60         } else {
61             _system.b(i, j, k) += input.u(i + 1, j, k) * invH.x;
62         }
63
64         if (i > 0) {
65             term = _uWeights(i, j, k) * invHSqr.x;
66             row.center += term;
```

```
67              _system.b(i, j, k)
68                  -= _uWeights(i, j, k)
69                  * input.u(i, j, k) * invH.x;
70          } else {
71              _system.b(i, j, k) -= input.u(i, j, k) * invH.x;
72          }
73
74          //对 for j + 1、j - 1、k + 1和 k - 1 重复相同的过程
75          ...
76      });
77  }
78
79  void GridFractionalSinglePhasePressureSolver3::applyPressureGradient(
80      const FaceCenteredGrid3& input,
81      FaceCenteredGrid3* output) {
82      Size3 size = input.resolution();
83      auto u = input.uConstAccessor();
84      auto v = input.vConstAccessor();
85      auto w = input.vConstAccessor();
86      auto u0 = output->uAccessor();
87      auto v0 = output->vAccessor();
88      auto w0 = output->vAccessor();
89
90      Vector3D invH = 1.0 / input.gridSpacing();
91
92      _system.x.parallelForEachIndex([&](size_t i, size_t j, size_t k) {
93          if (i + 1 < size.x && _uWeights(i + 1, j, k) > 0.0) {
94              u0(i + 1, j, k)
95              = u(i + 1, j, k)
96              + invH.x
97              * (_system.x(i + 1, j, k) - _system.x(i, j, k));
98          }
99
100         //对 for j + 1、j - 1、k + 1和 k - 1 重复相同的过程
101         ...
102     });
103 }
```

从上面的代码中可知，三维数组 _uWeights 存储流体与碰撞器的分数。如果流体占 100%，则数组返回 1。有关详细信息，请参阅代码库中的 GridFractionalSingle-PhasePressureSolver3。

3.5 烟雾模拟

到目前为止，我们构建的基于网格的流体模拟器实现了大部分核心流体动力学。以此为基础，我们将扩展求解器以模拟更多有趣的现象。

求解器最简单的扩展之一是烟雾模拟器。想象一下电影中燃料燃烧或大爆炸的场景。新求解器的目标是模拟从源头冒出的热黑烟云。要构建一个烟雾模拟引擎，只需要添加几个额外的部分，包括烟雾密度和温度场，以及由于温度或密度分布而产生的浮力。因此，模拟器将能够产生上升的烟雾，与障碍物相互作用并产生有趣的漩涡。图 3.20 显示了烟雾模拟求解器的一些预期输出。示例图像是使用 Mitsuba 渲染器[59]渲染的。

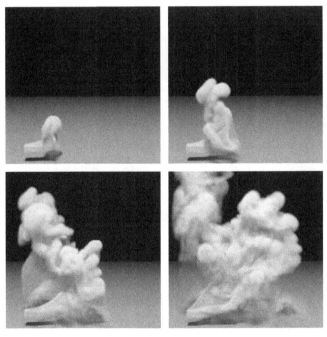

图 3.20 烟雾模拟求解器的示例动画序列；从源头发出的烟雾由于浮力而上升；
使用 150×180×75 分辨率网格生成模拟

我们添加一个新类来表示烟雾模拟器，它扩展了通用的基于网格的模拟器：

```
1 class GridSmokeData3 : public GridSystemData3 {
2   public:
```

```
3        ...
4
5        ScalarGrid3Ptr smokeDensity() const;
6        ScalarGrid3Ptr temperature() const;
7
8        ...
9 }
10
11 class GridSmokeSolver3 : public GridFluidSolver3 {
12        ...
13
14 protected:
15        void computeBuoyancy(double timeIntervalInSeconds);
16
17        void computeSmokeAdvection(double timeIntervalInSeconds);
18 };
```

从上面的代码可知，我们还定义了一个数据模型，来保存烟雾密度场和温度场。另外要注意，还有一个函数可以计算驱动烟雾上升的浮力。最后，我们将沿速度场传递密度场和温度场的函数 computeSmokeAdvection 也添加到类中。

3.5.1　浮力

假设我们模拟的烟雾是由燃烧燃料或某种爆炸产生的。因此，烟雾周围的空气比其他区域更热，黑色的烟雾气溶胶占据了高温区域。由于密度下降，相对热的气体会变得更轻，并且会受到上升的力。同时，烟雾占据的区域会比其他引起下压力的区域相对重。这种垂直力被称为浮力。计算浮力的一种方法是在 PPE 中对这种密度分布进行编码。由于密度场不是常数，3.4.5 节中的 PPE 将变为

$$\nabla \cdot \frac{\nabla p}{\rho} = c \frac{\nabla \cdot u}{\Delta t} \qquad (3.52)$$

其中，ρ 是密度场。当密度差很大并且计算准确的数值解至关重要时，如空气与水，这种方法是必不可少的。然而，在模拟烟雾的情况下，求解这样一个复杂的系统矩阵就有些过分了。由现象学可知，浮力在垂直方向上占主导地位。因此，可以使用

$$f_{\text{buoy}} = -\alpha \rho y + \beta(T - T_{\text{amb}})y \qquad (3.53)$$

其中，α 和 β 分别是将烟雾密度（ρ）和温度（T）差映射到力的比例因子。如果该

区域仅充满空气，则烟雾密度为零。此外，T_{amb} 是环境温度，可以通过取平均温度来计算。因此，如果温度高于周围区域，则该方程式不仅会增加上升力，而且会在烟雾密度为正时增加下压力。该模型首先由 Fedkiw 等人[42]提出，并已被证明可有效模拟热烟。

实现浮力方程非常简单，代码如下：

```
1  void GridSmokeData3::computeBuoyancy(double timeIntervalInSeconds) {
2      auto vel = _gridSet->velocity();
3      auto den = _gridSet->smokeDensity();
4      auto temp = _gridSet->temperature();
5      auto v = vel->v();
6      auto vPos = vel->vPosition();
7      Size3 numTempGridPoints = temp->dataSize().x * temp->dataSize().y
*temp->dataSize().z;
8
9      double Tamb = 0.0;
10     temp->forEachDataPoint([&](size_t i, size_t j, size_t k) {
11         Tamb += temp(i, j, k);
12     });
13     Tamb /= static_cast<double>(numTempGridPoints);
14
15     velocity->forEachV([&](size_t i, size_t j, size_t k) {
16         Vector3D pt = vPos(i, j, k);
17         v(i, j, k)
18             += timeIntervalInSeconds
19             * (_densityBuoyancyFactor * den->sample(pt)
20             + _temperatureBuoyancyFactor * (temp->sample(pt) - Tamb));
21     });
22 }
```

代码的第一部分用于计算平均温度，第二部分用于计算浮力。

3.5.2　对流与耗散

密度场和温度场由速度场承载，可以通过重新使用 3.4.2 节的对流求解器来处理。烟雾气溶胶和热量也会耗散，因此，可以使用 3.4.4 节的相同求解器将耗散应用于场。

3.6　带界面的流体

到目前为止，我们首先了解了如何构建通用的基于网格的流体求解器，然后通过对具有空间变化的温度场和密度场的烟雾行为进行建模，进一步将代码库扩展到烟雾模拟器。在本节中，我们将介绍如何扩展通用求解器来模拟液体的运动，例如水箱中水的晃动。

逼真的液体动画的关键在于对流体界面的正确处理。与模糊的烟雾密度场不同，现在空气和液体之间有了清晰的界限，这会引发很多有趣的问题。我们来看看如何处理这些问题。

3.6.1　在网格上定义界面

当用粒子模拟液体时，我们不需要明确定义液体–空气界面。粒子占据的区域就是液体所在的区域；因此，通过查看附近的粒子，可以确定该区域是在液体内还是在液体外。

使用网格，我们可以立即尝试为液体占据的网格着色。例如，可以使用二进制数 0 和 1 对网格上的液体进行编码①。这似乎是一个非常清晰的求解方案；但是，计算二进制场上的有限差分可能会出现问题。场在界面处是不连续的，因此不可微。然而，由于界面上发生的大多数动力学（例如表面张力或计算法线）需要适当的差分，因此需要一个光滑且连续的场来表示表面。

克服这种不连续性问题的最流行的方法之一是使用隐式表面，例如带符号距离场[104]（隐式表面请参见 1.4.2 节）。到目前为止，我们一直使用带符号距离场来表示碰撞器或流体源，也可以使用场来塑造液气界面。

与 1.4.2 节中带符号距离场的定义相呼应，它是一个标量场，表示将一个点映射到表面上最近点的距离。同样，该场满足方程

---

① 这与使用密度场模拟烟雾气溶胶非常相似。为了表示液体和液气界面，该方法将空气密度映射为 0，将液体密度映射为 1。

$$|\nabla \phi| = 1 \tag{3.54}$$

其中，ϕ是带符号距离场。它的符号也是通过判断点是否在体积中来确定的。因此，零等值线隐式定义了表面，我们在例子中定义了液体和空气之间的界面。图 3.21 显示了带符号距离场的示例。由横截面图可以看出，带符号距离场在界面附近绝对是连续的。此特性处理了二元场的问题。由于它是连续且光滑的，因此它在表面附近是可微的。

使用带符号距离场对界面建模被称为水平集方法[95,96]。通过将界面编码为带符号距离函数，水平集方法可以轻松计算界面附近的几何属性，而不会受到不连续性的影响。因此，在对任何不连续的特征或现象进行建模时，水平集方法都是一个很好的求解方案。因此，水平集方法不仅涵盖了流体动力学模拟，而且在图像分割和三维模型重建等方面也有广泛的应用。

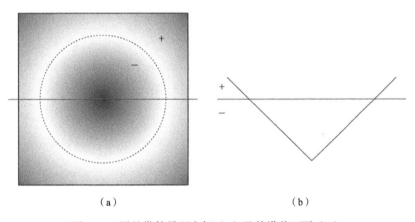

（a）　　　　　　　　　　　　　　（b）

图 3.21　圆的带符号距离场（a）及其横截面图（b）

水平集方法的另一个关键特征是它处理拓扑变化的能力。看一下图 3.22 中的示例。该图显示了两个具有显式网格和隐式表面的膨胀球形流体。对于显式网格表面，可以通过沿法线方向移动每个点来沿法线方向演化表面。在使用隐式表面的情况下，可以通过从带符号距离场中减去一个常数值来执行相同的运算。随着时间的推移，两个球体将相互碰撞，有趣的部分开始了。

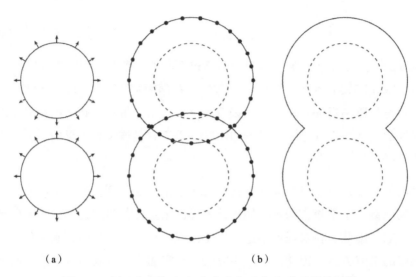

$$（a）\qquad\qquad\qquad（b）$$

图 3.22　用显式网格（a）和隐式表面（b）表示的扩展圆

我们思考一下可以用显式网格做什么。如果考虑两个碰撞的水滴，它们将相互融合并形成一个水体。所以我们期望在两个表面碰撞时看到拓扑变化。要使用网格实现这一点，就必须找到交点，寻找应该丢弃表面的哪一部分，然后正确修复网格结构。这不是一项简单的任务，而且很容易出错，因为流体界面的几何形状通常非常复杂。

隐式表面怎么样？好吧，我们不需要做任何事情。如果我们在不知道发生了什么的情况下继续更新网格点，则会自动处理拓扑变化。这是水平集方法的关键优势之一，当应用于流体模拟时，它真的很出色，因为流体的合并和拆分（是的，拆分也很容易处理）经常发生。

要在流体求解器中实现水平集方法，我们必须构建两个组成部分。第一个组成部分是表面跟踪模块，这只是一个对流问题。第二个组成部分又被称为重新初始化，它使带符号距离场在扭曲场并破坏带符号距离属性的对流之后仍保持满足式（3.54）。我们来看这两部分是如何在液体模拟引擎中实现的。

3.6.1.1　流体的界面追踪

就对流而言，带符号距离场与其他标量场没有区别，只需将带符号距离场传递给对流求解器即可。但是有人可能会怀疑将对流求解器应用于带符号距离场是否有效，因为距离场不是物理量。如果对带符号距离场应用对流，它是否仍会保留带符号距离属性？事实上，应用对流，仅在表面、零等值线处有效，但当离表面越远时，它开始显示失真。

图 3.23 显示了一个清晰的示例。在涡流下，带符号距离场开始伸展，其值不再代表离表面最近的距离。但是，该标记仍然有效。此外，随着不断靠近界面，失真量会变小，并且如上所述，对流的数值解在界面处有效。因此，可以从扭曲场中恢复带符号距离属性，这将在下一节中介绍。

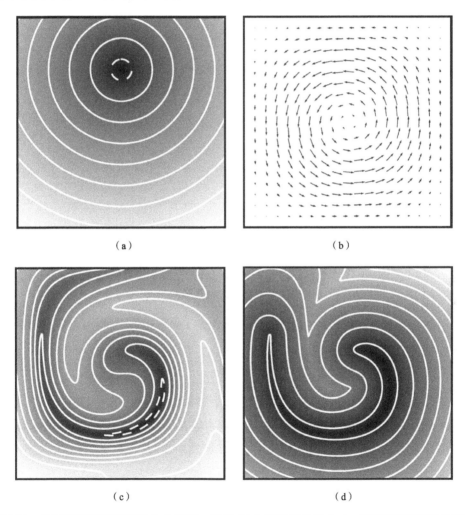

（a）　　　　　　　　　　　　（b）

（c）　　　　　　　　　　　　（d）

图 3.23　从初始带符号距离场（a）开始，涡流（b）旋转扭曲场（c）。当应用重新初始化时，带符号距离属性被恢复（d）。白色实线表示正等值线，白色虚线表示负等值线

3.6.1.2　重新初始化带符号距离场

求解对流后，由于失真，带符号距离场不再满足 $|\nabla\phi| = 1$。但如上所述，标记仍然保留，界面附近的场仍然是有效的距离函数。为了恢复整个区域的带符号距离场，可以重新计算每个网格点的最近距离。但是，迭代所有网格点并找到界面上的最近点并非易事，而且计算起来可能很麻烦。

我们不直接从网格点计算距离，而是采用相反的方法。例如，想象一个扭曲的一维带符号距离场（见图 3.24）。由于零等值线处的场是有效的，我们可以从界面附近的网格点开始，遍历到外部网格点，并将移动的距离添加到网格点，就像将波从界面传播到更远的区域并累积距离。传播后，我们将得到一个重新初始化的带符号距离场。

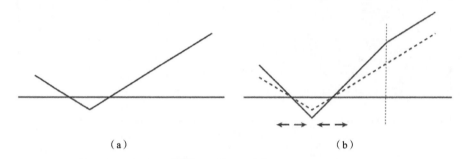

（a）　　　　　　　　　　（b）

图 3.24　扭曲的带符号距离场（a）被重新初始化，中间结果显示在（b）中，
重新初始化从零等值线传播到虚线

可以使用带有额外源项的对流方程式（3.23）来模拟这个传播问题。可以写成

$$\frac{\partial\phi}{\tau} + \boldsymbol{u} \cdot \nabla\phi = 1 \tag{3.55}$$

请注意，我们使用伪时间 τ，因为这不是物理模拟，更像是几何后处理。式（3.55）和式（3.23）之间的差异在右侧。如果右侧为零，则意味着 ϕ 仅由向量场 $\boldsymbol{u}$ 携带。如果指定常数 c，则意味着当它沿 $\boldsymbol{u}$ 行进一个距离单位时，c 将添加到 ϕ 中。因此，将右侧设置为 1 意味着我们会将行进距离赋予 ϕ。

对于传播速度 $\boldsymbol{u}$，可以使用表面法线。从 1.4.2 节中可知，带符号距离场的隐式表面的法线是

$$\boldsymbol{n} = \frac{\nabla\phi(x)}{|\nabla\phi(x)|} \tag{3.56}$$

请注意，当场扭曲时，此法线并不准确。但我们暂时接受误差并继续下一步。我们将在最后讨论这个问题。在任何情况下，用n替换u，都会得到

$$\frac{\partial \phi}{\partial \tau} + \frac{\nabla \phi}{|\nabla \phi|} \cdot \nabla \phi = 1 \qquad (3.57)$$

可以进一步简化为

$$\frac{\partial \phi}{\partial \tau} + (|\nabla \phi| - 1) = 0 \qquad (3.58)$$

请注意，此等式仅适用于正符号距离区域。对于负符号距离区域，相同的方程可以写成

$$\frac{\partial \phi}{\partial \tau} - (|\nabla \phi| - 1) = 0 \qquad (3.59)$$

结合这两个方程，可以写出最终方程，即

$$\frac{\partial \phi}{\partial \tau} + \mathrm{sign}(\phi)(|\nabla \phi| - 1) = 0 \qquad (3.60)$$

在实现上面的等式之前，我们退后一步，试着理解它的含义。如果我们提供一个完美的带符号距离场，则第二项将为零，因为$|\nabla \phi| = 1$。这意味着ϕ不会随时间变化，这是应该发生的情况。如果输入区域存在失真，则第二项将不为零。如果将$|\nabla \phi| - 1$视为误差度量，则方程试图通过在（伪）时间上减去误差来纠正误差。

现在开始编码。下面是实现的核心代码部分：

```
1  class IterativeLevelSetSolver3 : public LevelSetSolver {
2      ...
3  };
4
5  void IterativeLevelSetSolver3::reinitialize(...) {
6      ...
7
8      for (unsigned int n = 0; n < numberOfIterations; ++n) {
9          input.parallelForEachDataPoint(
10             [&](size_t i, size_t j, size_t k) {
11                 double s = sign(input, i, j, k);
12
13                 std::array<double, 2> dx, dy, dz;
14
15                 getDerivatives(input, gridSpacing, i, j, k, &dx, &dy, &dz) ;
```

```
16
17                    output(i, j, k) = input(i, j, k)
18                        - dtau * std::max(s, 0.0)
19                          * (std::sqrt(square(std::max(dx[0], 0.0))
20                                + square(std::min(dx[1], 0.0))
21                                + square(std::max(dy[0], 0.0))
22                                + square(std::min(dy[1], 0.0))
23                                + square(std::max(dz[0], 0.0))
24                                + square(std::min(dz[1], 0.0))) - 1.0)
25                        - dtau * std::min(s, 0.0)
26                          * (std::sqrt(square(std::min(dx[0], 0.0))
27                                + square(std::max(dx[1], 0.0))
28                                + square(std::min(dy[0], 0.0))
29                                + square(std::max(dy[1], 0.0))
30                                + square(std::min(dz[0], 0.0))
31                                + square(std::max(dz[1], 0.0))) - 1.0);
32            });
33
34        std::swap(input, output);
35    }
36
37    ...
38 }
```

　　我们通过定义一个新类 IterativeLevelSetSolver3 来表示迭代水平集求解器。为简单起见，此处仅显示代码的要点。在函数 reinitialize 中，有一个 for 循环多次迭代子代码块。由于我们正在求解伪时空中类似对流的方程，因此此 for 循环决定了我们希望波从界面传播多远。更多的迭代将进一步推动波。

　　在 for 循环中，我们对每个网格点都进行了另一次迭代。对于每个点的 i、j 和 k，首先使用函数 sign 计算场的符号。现在，应该可以非常简单地计算得到点 (i, j, k) 处的场的符号。但是，与其将这种不连续的度量（−1 或 1）纳入计算，不如使用光滑符号函数[98]

$$\text{sign} = \frac{\phi}{\sqrt{\phi^2 + h^2}} \qquad (3.61)$$

其中，h 是网格间距。使用此方程计算符号后，我们通过调用 getDerivatives 计算 $\nabla\phi$。请注意，此函数为每个轴都返回两个单边导数。例如，dx[0] 具有 $i-1$ 和 i 之间的导数，而 dx[1] 具有 i 和 $i+1$ 之间的导数。我们不使用中心差分，而是计算两个单边导数并确定哪一个稍后使用。这是 3.4.2 节讨论的迎风法。

然而，在计算导数之后，我们最终计算欧拉积分来求解

$$\phi = \phi_{\text{old}} - \Delta\tau \cdot \text{sign}(\phi)(|\nabla\phi| - 1) \tag{3.62}$$

它来自方程式（3.60）。所有的最小/最大代码都是处理迎风法的方式。同样，请参阅 3.4.2 节以获取有关迎风法的更多详细信息。最终代码可以在 `src/jet/iterative_level_set_solver3.cpp` 中找到。

在本书中，我们将 `UpwindLevelSetSolver3` 和 `EnoLevelSetSolver3` 归类为迭代水平集求解器，因为它们通过最小化 $|\nabla\phi| - 1$ 来迭代优化解。根据从 `getDerivatives` 计算导数的方式，类 `IterativeLevelSetSolver3` 具有子类，例如一阶迎风法 `UpwindLevelSetSolver3` 和三阶本质非振荡（ENO）方法[108] `EnoLevelSetSolver3`。还有其他方法可以直接求解条件 $|\nabla\phi| = 1$，例如快速行进法（FMM）和快速扫描法（FSM）。有兴趣的读者可以参考 Sethian[105] 或 Zhao[124,125] 的文献。

3.6.2　自由界面流动

使用网格模拟流体运动时，需要处理 4 个关键步骤：对流、重力（和外力）、黏性力和压力。由于系统中现在有两种不同的流体，基础模型将发生变化，因此应重新审视这 4 个步骤。

系统中多种流体的流体动力学又被称为多相流体流动，一般通过在方程中加入不同的密度和黏性系数来模拟[50,62,110]。当两种流体的动力学特性都很重要时（例如气泡流），需要求解多相流体流动[50,69]。但是，如果一种流体在场景中占主导地位，则可以简化另一种流体的动力学。特别是在模拟空气不是主要流体的场景时，可以近似空气并较少考虑它对水流的贡献。这被称为自由界面流动模型，该模型假设空气在压力和黏性力方面不会影响液体的运动。此外，气压通常被近似为恒定值。在许多模拟液体运动的不同方法中，我们将采用这种自由界面流动模型，因为它不仅是最简单的方法之一，而且功能强大到足以生成逼真的流体模拟。

我们来看基于网格的液体模拟器在更高的层次上是什么样子的：

```
1 class LevelSetLiquidSolver3 : public GridFluidSolver3 {
2   public:
3     LevelSetLiquidSolver3();
```

```
4
5        ...
6
7    protected:
8        void onEndAdvanceTimeStep(double timeIntervalInSeconds) override;
9
10       void computePressure(double timeIntervalInSeconds) override;
11
12   private:
13       size_t _signedDistanceFieldId;
14       LevelSetSolver3Ptr _levelSetSolver;
15       double _maxReinitializeDistance = 1.0;
16
17       void reinitialize();
18
19       ...
20   };
```

　　如我们所见，该类继承了 **GridFluidSolver3** 并添加了带符号距离场来表示液气界面，还有前面讨论过的水平集求解器。请注意，我们正在覆盖两个虚函数：**onEndAdvanceTimeStep** 和 **computePressure**。这表明我们将添加一个后模拟步骤和一个自定义压力求解器。可以像下面这样部分实现这些函数：

```
1  LevelSetLiquidSolver3::LevelSetLiquidSolver3() {
2      auto grids = gridSystemData();
3      _signedDistanceFieldId = grids->addAdvectableScalarData(
4      CellCenteredScalarGrid3::builder(), kMaxD);
5      _levelSetSolver = std::make_shared<EnoLevelSetSolver3>();
6  }
7
8  ...
9
10 void LevelSetLiquidSolver3::onEndAdvanceTimeStep(double timeIntervalInSeconds) {
11     reinitialize();
12     ...
13 }
14
15 void LevelSetLiquidSolver3::reinitialize() {
16     if (_levelSetSolver != nullptr) {
17         auto sdf = signedDistanceField();
18         auto sdf0 = sdf->clone();
19
20         _levelSetSolver->reinitialize(
21             *sdf0, _maxReinitializeDistance, sdf.get());
22         extrapolateIntoCollider(sdf.get());
```

```
23    }
24 }
```

在构造函数中，我们将带符号距离场作为可对流网格通道添加到网格系统。因此，场的对流将由父类处理。此外，我们将 EnoLevelSetSolver3 设置为默认的水平集求解器。在后处理步骤（onEndAdvanceTimeStep）中，我们调用重新初始化函数来修复失真的带符号距离场。

上述代码主要展示了将水平集求解器集成到基于网格的流体模拟器中。但是动力学本身呢？如前所述，我们正在引入自由界面流动模型来模拟液体。它对重力、对流、黏性力和压力意味着什么？

首先，从最简单的重力开始。无一例外，重力作用于整个场，这意味着为空气和液体区域赋予了相同的恒定加速度。因此，不需要更改代码，只需保留父类 GridFluidSolver3 的实现即可。

然后，考虑对流。如前所述，表面本身的对流可以通过先应用对流求解器再重新初始化来处理。然而，潜在的速度场还需要更多思考。自由界面流动模型没有定义空气区域的动力学。因此，空气中没有适当的速度场。然而，为了使对流求解器工作，至少需要在液体表面附近有一个速度场。想象空气中有一个液体球，如图 3.25 所示。即使在球内赋予速度场，由于对流求解器的回溯特性，应用对流求解器也不起作用。为了处理这个问题，可以使用 3.4.1 节中的函数 extrapolateToRegion 将表面的液体速度外推到空气区域，代码如下：

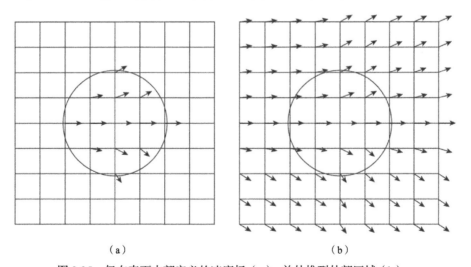

（a）　　　　　　　　　　　　（b）

图 3.25　仅在表面内部定义的速度场（a），并外推到外部区域（b）

```cpp
1  class LevelSetLiquidSolver3 : public GridFluidSolver3 {
2      ...
3
4      void extrapolateVelocityToAir();
5  };
6
7  void LevelSetLiquidSolver3::extrapolateVelocityToAir() {
8      if (_levelSetSolver != nullptr) {
9          auto sdf = signedDistanceField();
10         auto vel = gridSystemData()->velocity();
11
12         auto u = vel->uAccessor();
13         auto v = vel->vAccessor();
14         auto w = vel->wAccessor();
15         auto uPos = vel->uPosition();
16         auto vPos = vel->vPosition();
17         auto wPos = vel->wPosition();
18
19         Array3<char> uMarker(u.size());
20         Array3<char> vMarker(v.size());
21         Array3<char> wMarker(w.size());
22
23         uMarker.parallelForEachIndex([&](size_t i, size_t j, size_t k) {
24             if (isInsideSdf(sdf->sample(uPos(i, j, k)))) {
25                 uMarker(i, j, k) = 1;
26             } else {
27                 uMarker(i, j, k) = 0;
28             }
29         });
30
31         vMarker.parallelForEachIndex([&](size_t i, size_t j, size_t k) {
32             if (isInsideSdf(sdf->sample(vPos(i, j, k)))) {
33                 vMarker(i, j, k) = 1;
34             } else {
35                 vMarker(i, j, k) = 0;
36             }
37         });
38
39         wMarker.parallelForEachIndex([&](size_t i, size_t j, size_t k) {
40             if (isInsideSdf(sdf->sample(wPos(i, j, k)))) {
41                 wMarker(i, j, k) = 1;
42             } else {
43                 wMarker(i, j, k) = 0;
44             }
45         });
46
```

```
47    unsigned int depth
48      = static_cast<unsigned int>(std::ceil(maxCfl()));
49    extrapolateToRegion(vel->uConstAccessor(), uMarker, depth, u);
50    extrapolateToRegion(vel->vConstAccessor(), vMarker, depth, v);
51    extrapolateToRegion(vel->wConstAccessor(), wMarker, depth, w);
52
53    applyBoundaryCondition();
54  }
55 }
```

代码本身非常简单。如果点在液体内部，首先用 1 标记每个网格点，否则设置为 0。然后将 u、v 和 w 分量中的每一个都外推到非液体区域，即空气。与 3.4.1 节中将场外推到碰撞器中的方式类似，最大外推距离由最大 CFL 数决定。

这个外推过程实际上在界面处应用了诺伊曼边界条件。在表面法线方向上，速度不会在整个界面上发生变化。所以更正式地说，可以将其写成

$$\frac{\partial v}{\partial n} = 0 \qquad (3.63)$$

其中，v 是速度，n 是表面法线。我们刚刚通过外推法线方向的速度处理了对流问题的边界条件。

接下来，我们谈谈黏性力。同样，自由界面流动模型不考虑空气和液体之间的相互作用，因此，只需要处理液体内的耗散问题即可。这可以通过简单地从计算中排除空气区域并在相邻网格点落入空气区域时应用诺伊曼边界条件来实现，就像将固体边界条件视为诺伊曼边界条件一样。例如，3.4.4 节中的向后欧拉方法可以更新如下：

```
1 const char kFluid = 0;
2 const char kAir = 1;
3 const char kBoundary = 2;
4
5 ...
6
7 void GridBackwardEulerDiffusionSolver2::buildMarkers(
8    const Size2& size,
9    const std::function<Vector2D(size_t, size_t)>& pos,
10   const ScalarField2& boundarySdf,
11   const ScalarField2& fluidSdf) {
12   _markers.resize(size);
13
14   _markers.parallelForEachIndex(
```

```
15          [&](size_t i, size_t j) {
16              if (isInsideSdf(boundarySdf.sample(pos(i, j)))) {
17                  _markers(i, j) = kBoundary;
18              } else if (isInsideSdf(fluidSdf.sample(pos(i, j)))) {
19                  _markers(i, j) = kFluid;
20              } else {
21                  _markers(i, j) = kAir;
22              }
23          });
24      }
25
26  void GridBackwardEulerDiffusionSolver3::buildMatrix(
27      const Size3& size,
28      const Vector3D& c) {
29      _system.A.resize(size);
30
31      bool isDirichlet = (_boundaryType == Dirichlet);
32
33      //构建线性系统
34      _system.A.parallelForEachIndex([&](size_t i, size_t j, size_t k) {
35          auto& row = _system.A(i, j, k);
36
37          //初始化
38          row.center = 1.0;
39          row.right = row.up = row.front = 0.0;
40
41          if (_markers(i, j, k) == kFluid) {
42              if (i + 1 < size.x) {
43                  if ((isDirichlet && _markers(i + 1, j, k) != kAir)
44                      || _markers(i + 1, j, k) == kFluid) {
45                      row.center += c.x;
46                  }
47
48                  if (_markers(i + 1, j, k) == kFluid) {
49                      row.right -= c.x;
50                  }
51              }
52
53              if (i > 0
54                  && ((isDirichlet && _markers(i - 1, j, k) != kAir)
55                  || _markers(i - 1, j, k) == kFluid)) {
56                  row.center += c.x;
57              }
58
59              ...
60          }
```

```
61      });
62  }
```

请注意，这里添加了表示液-气界面的带符号距离场，并且空气区域单独标记为 kAir。在构建矩阵时，检查标记以查看相邻网格点是否在空气区域中。如果为真，则其贡献将从矩阵中被排除，这意味着它是伊依曼边界条件。有关构建矩阵的更多详细信息，请参见 3.4.4 节。

最后，来看压力。自由界面流动模型假设空气压力恒定。为简单起见，我们假设空气压力为零。这是狄利克雷边界条件，类似于 3.4.4 节中的示例。3.4.5 节中的一维压力方程可写为

$$\frac{p_{i+1}^* - 2p_i^* + p_{i-1}^*}{\Delta x^2} = \frac{u_{i+1/2}^n - u_{i-1/2}^n}{\Delta x} \tag{3.64}$$

现在想象点 $i+1$ 在空气区域，假设 $i+1$ 处的压力为零，式（3.64）变为

$$\frac{-2p_i^* + p_{i-1}^*}{\Delta x^2} = \frac{u_{i+1/2}^n - u_{i-1/2}^n}{\Delta x} \tag{3.65}$$

因此，通过简单地排除非对角矩阵元素的贡献，可以求解自由界面流体流动的压力方程。构建矩阵的代码可以这样写：

```
1  const char kFluid = 0;
2  const char kAir = 1;
3  const char kBoundary = 2;
4
5  ...
6
7  void GridSinglePhasePressureSolver3::buildMarkers(
8      const Size3& size,
9      const std::function<Vector3D(size_t, size_t, size_t)>& pos,
10     const ScalarField3& fluidSdf,
11     const ScalarField3& boundarySdf) {
12     _markers.resize(size);
13     _markers.parallelForEachIndex([&](size_t i, size_t j, size_t k) {
14         Vector3D pt = pos(i, j, k);
15         if (isInsideSdf(boundarySdf.sample(pt))) {
16             _markers(i, j, k) = kBoundary;
17         } else if (isInsideSdf(fluidSdf.sample(pt))) {
18             _markers(i, j, k) = kFluid;
19         } else {
20             _markers(i, j, k) = kAir;
21         }
```

```
22      });
23  }
24
25  void GridSinglePhasePressureSolver3::buildSystem(
26      const FaceCenteredGrid3& input) {
27      ...
28
29      //构建线性系统
30      _system.A.parallelForEachIndex([&](size_t i, size_t j, size_t k) {
31          auto& row = _system.A(i, j, k);
32
33          //初始化
34          row.center = row.right = row.up = row.front = 0.0;
35          _system.b(i, j, k) = 0.0;
36
37          if (_markers(i, j, k) == kFluid) {
38              _system.b(i, j, k) = input.divergenceAtCellCenter(i, j, k);
39
40              if (i + 1 < size.x && _markers(i + 1, j, k) != kBoundary) {
41                  row.center += invHSqr.x;
42                  if (_markers(i + 1, j, k) == kFluid) {
43                      row.right -= invHSqr.x;
44                  }
45              }
46
47              if (i > 0 && _markers(i - 1, j, k) != kBoundary) {
48                  row.center += invHSqr.x;
49              }
50
51              //对 for j + 1、j - 1、k + 1 和 k - 1 重复相同的过程
52              ...
53          }
54      });
55  }
```

　　与黏性问题类似，我们现在将网格点分为 3 类：流体、空气和边界。在构建矩阵时，通过检查是否未将非对角线元素标记为空气（第 42 行），将其从系统中排除。

　　现在，类似于 3.4.5 节中的乐高积木问题，仅通过从带符号距离场查找符号来解释液体区域可能会导致混叠效应。这种伪影甚至比碰撞器边界处理问题更严重，因为液体表面是可见的，并且混叠噪声会影响视觉外观。为了处理这个问题，Enright 等人[38]使用幽灵流体法（GFM）来处理自由界面流动。GFM 是为捕获这种子单元分辨率现象而发明的[43]，它与处理乐高边界问题的分数方法非常相似。

要应用 GFM，要先回到之前的一维示例。再次从式（3.64）开始，假设界面位于 i 和 $i+1$ 个网格点之间，并且从 i 到表面的距离为 $\theta \Delta x$，其中，$0 \leqslant \theta \leqslant 1$。重写式（3.64），变为

$$\frac{\frac{p_{i+1}^* - p_i^*}{\Delta x} - \frac{p_i^* - p_{i-1}^*}{\Delta x}}{\Delta x} = \frac{u_{i+1/2}^n - u_{i-1/2}^n}{\Delta x} \tag{3.66}$$

现在想象在表面上有一个网格点，它与 i 的距离为 θ。可以说

$$\frac{\frac{p_\theta^* - p_i^*}{\theta \Delta x} - \frac{p_i^* - p_{i-1}^*}{\Delta x}}{\Delta x} = \frac{u_{i+1/2}^n - u_{i-1/2}^n}{\Delta x} \tag{3.67}$$

由于 $p_\theta^* = 0$，最终方程可以写成

$$\frac{-p_i^*}{\theta \Delta x^2} - \frac{p_i^* - p_{i-1}^*}{\Delta x^2} = \frac{u_{i+1/2}^n - u_{i-1/2}^n}{\Delta x} \tag{3.68}$$

请注意，θ 在分母中，当 $\theta = 0$ 时会出现问题。在这种情况下，可以将 θ 限制在一个较小的值，例如 0.01。

在代码库中，GFM 与分数边界处理代码一起实现如下：

```
1  void GridFractionalSinglePhasePressureSolver3::buildSystem(
2      const FaceCenteredGrid3& input) {
3      Size3 size = input.resolution();
4      _system.A.resize(size);
5      _system.x.resize(size);
6      _system.b.resize(size);
7
8      Vector3D invH = 1.0 / input.gridSpacing();
9      Vector3D invHSqr = invH * invH;
10
11     //构建线性系统
12     _system.A.parallelForEachIndex([&](size_t i, size_t j, size_t k) {
13         auto& row = _system.A(i, j, k);
14
15         //初始化
16         row.center = row.right = row.up = row.front = 0.0;
17         _system.b(i, j, k) = 0.0;
18
19         double centerPhi = _fluidSdf(i, j, k);
20
21         if (isInsideSdf(centerPhi)) {
```

```
22          double term;
23
24          if (i + 1 < size.x) {
25              term = _uWeights(i + 1, j, k) * invHSqr.x;
26              double rightPhi = _fluidSdf(i + 1, j, k);
27              if (isInsideSdf(rightPhi)) {
28                  row.center += term;
29                  row.right -= term;
30              } else {
31                  double theta = fractionInsideSdf(centerPhi, rightPhi);
32                  theta = std::max(theta, 0.01);
33                  row.center += term / theta;
34              }
35              _system.b(i, j, k)
36                  += _uWeights(i + 1, j, k)
37                  * input.u(i + 1, j, k) * invH.x;
38          } else {
39              _system.b(i, j, k) += input.u(i + 1, j, k) * invH.x;
40          }
41
42          if (i > 0) {
43              term = _uWeights(i, j, k) * invHSqr.x;
44              double leftPhi = _fluidSdf(i - 1, j, k);
45              if (isInsideSdf(leftPhi)) {
46                  row.center += term;
47              } else {
48                  double theta = fractionInsideSdf(centerPhi, leftPhi);
49                  theta = std::max(theta, 0.01);
50                  row.center += term / theta;
51              }
52              _system.b(i, j, k)
53                  -= _uWeights(i, j, k) * input.u(i, j, k) * invH.x;
54          } else {
55              _system.b(i, j, k) -= input.u(i, j, k) * invH.x;
56          }
57
58          //对 j + 1、j - 1、k + 1 和 k -1 重复相同的过程
59          ...
60
61      } else {
62          row.center = 1.0;
63      }
64  });
65 }
66
67 void GridFractionalSinglePhasePressureSolver3::applyPressureGradient(
```

```
68   const FaceCenteredGrid3& input,
69   FaceCenteredGrid3* output) {
70   Size3 size = input.resolution();
71   auto u = input.uConstAccessor();
72   auto v = input.vConstAccessor();
73   auto w = input.wConstAccessor();
74   auto u0 = output->uAccessor();
75   auto v0 = output->vAccessor();
76   auto w0 = output->wAccessor();
77
78   Vector3D invH = 1.0 / input.gridSpacing();
79
80   _system.x.parallelForEachIndex([&](size_t i, size_t j, size_t k) {
81   double centerPhi = _fluidSdf(i, j, k);
82
83     if (i + 1 < size.x
84     && _uWeights(i + 1, j, k) > 0.0
85     && (isInsideSdf(centerPhi)
86     || isInsideSdf(_fluidSdf(i + 1, j, k)))) {
87     double rightPhi = _fluidSdf(i + 1, j, k);
88     double theta = fractionInsideSdf(centerPhi, rightPhi);
89     theta = std::max(theta, 0.01);
90
91     u0(i + 1, j, k)
92     = u(i + 1, j, k)
93     + invH.x / theta
94     * (_system.x(i + 1, j, k) - _system.x(i, j, k));
95     }
96
97     //对 for j + 1、j - 1、k + 1和 k - 1 重复相同的运算
98     ...
99   });
100 }
```

3.6.3　结果

图 3.26 显示了液体模拟器的示例。当大量水滴入水箱时，基于水平集方法的自由界面流动模拟器会产生逼真的波浪和飞溅。使用相同的设置，具有更高黏性的不同模拟结果如图 3.27 所示。使用 3.4.4 节中的向后欧拉耗散求解器执行模拟。请注意，初始形状往往会被保留下来，并且液体看起来像蜂蜜或胶水。示例图像使用 Mitsuba 渲染器[59]渲染。

图 3.26　来自自由界面求解器的示例模拟结果：一个兔子形状的水块被放入
一个看不见的水箱，使用 150×150×150 分辨率网格生成模拟

图 3.27　自由界面流动模拟使用与图 3.26 相同的设置，但黏性更高

3.7 讨论和延伸阅读

在本章中,我们介绍了用于模拟流体的基于网格的方法,包括子模块——重力、对流、黏性力和压力。为了实现更大的时间步长,我们使用了半拉格朗日对流方案及向后欧拉耗散求解器。还通过使用线性系统求解器计算 PPE 来实现不可压缩性。在此基础上,我们将实现扩展到烟雾求解器。此外,还结合了水平集方法和基础求解器来构建自由界面液体模拟。

基于网格的模拟方法的优势主要来自结构化的离散。与基于粒子的模拟方法相比,数值算子定义明确,求解也很顺利。此外,与其他非结构化或无网格方法相比,更容易形成允许更好数值稳定性的线性系统。

基于网格的模拟方法的缺点包括数值耗散。与使用粒子携带物理量的基于粒子的模拟方法不同,基于网格的模拟方法通过显式求解对流方程从一个网格点转移到另一个网格点。在此过程中,我们使用插值法进行人工耗散,如图 3.15 所示。当速度场出现误差时,我们会看到过多的黏性力,从而失去许多有趣的运动,例如漩涡。从水平集模拟,我们看到体积损失;流体的稀薄或尖锐特征消失在空气中。此外,与仅需要流体所在位置的粒子点的基于粒子的模拟方法不同,基于网格的模拟方法需要对整个区域进行离散化,这意味着流体不占据的空白区域也需要网格点。

为了克服基于网格的模拟方法的局限性,我们已经开展了广泛的研究。替代统一的笛卡儿网格,通过使用八叉树[11,77,123]、压缩网格[53,57]或区域扩展[126]引入了自适应数据结构,以在感兴趣区域附近放置更多网格点。还研究了提高具有相同网格分辨率的求解器精度的方法[49,64,67,102]。此外,虽然自由界面流动模型不捕捉液体和空气之间的相互作用,但耦合动力学来模拟气泡[28,50,110]、多流体[78]或固体物体也是活跃的研究领域。液体和气体并不是基于网格的框架可以模拟的唯一流体。基于网格的框架也可以处理火灾[44,52,94]或爆炸[94]。

我们已经了解了基于粒子和基于网格的模拟方法的优缺点。显然,人们可能想知道为什么我们不能将两者混合?在下一章中,我们将介绍如何混合两个异构框架以利用粒子和网格的优势。

第 4 章

混合求解器

4.1 为什么要混合

如前所述，传统的基于粒子和基于网格的模拟方法各有利弊。基于粒子的模拟方法，例如 SPH，通常比基于网格的模拟方法更能保持质量和动量。此外，计算相对简单，可以很容易地与任意几何体交互。相反，有时结果会存在大量噪声，而且最大时间步长往往是有限的。另一方面，基于网格的模拟方法往往会产生更光滑的结果，并且允许的时间步长相对较大。然而，数值耗散使流体消散，并引入人工黏性。因此，我们很自然地希望将这两个异构框架结合起来，并提出一个混合框架。在本章中，我们将介绍一些混合方法来克服我们在纯基于粒子或基于网格的模拟方法中遇到的问题。

4.2 胞中粒子法

顾名思义，胞中粒子法（PIC）是一种跟踪网格胞格中粒子的框架[41,46,47]。到目前为止，我们已经在 3.6 节中介绍了水平集方法。这两种方法都完全基于网格，因此会受到数值耗散的影响，这会导致细节和体积的损失。相反，PIC 法以拉格朗日方法跟踪流体，因此它不会引入半拉格朗日方法的插值误差。这看起来可能与2.3 节中的 SPH 类似，但关键区别在于，SPH 考虑的是每个粒子之间的相互作用，而 PIC 法仅使用粒子来标记网格单元是否被占用，从而忽略网格单元内的粒子相互作用。由于未处理每个粒子的碰撞，这可能会导致粒子聚集。但与此同时，通过网格计算使流体不可压缩的压力将使 PIC 法避免可能导致数值不稳定的振荡或压缩。

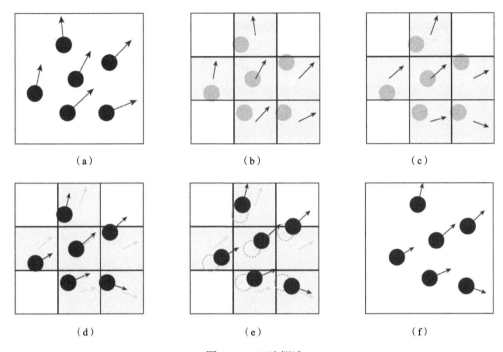

图 4.1 PIC 法概述

PIC 法从粒子（a）开始，将每个粒子的速度都传输到网格（b），计算非对流力（c），将速度传输回粒子（d），然后移动粒子（e），执行下一个 PIC 法以到达最终状态（f）

图 4.1 显示了更高层次的 PIC 法。首先，从粒子开始，求解器使用线性插值加权将速度从粒子传输到网格，并标记粒子占据的网格单元。然后，基于网格的求解器计算非对流步骤，包括重力、黏性力和压力。一旦基于网格的步骤完成，速度就会传回粒子。最后，通过跟随来自网格的底层流来更新粒子的位置。可以像下面的代码这样封装该过程的物理求解器类：

```
1 class PicSolver3 : public GridFluidSolver3 {
2   public:
3       PicSolver3();
4
5       virtual ~PicSolver3();
6
7       ScalarGrid3Ptr signedDistanceField() const;
8
9       const ParticleSystemData3Ptr& particleSystemData() const;
```

```
10
11  protected:
12      void onBeginAdvanceTimeStep(double timeIntervalInSeconds) override;
13
14      void computeAdvection(double timeIntervalInSeconds) override;
15
16  ...
17
18      virtual void transferFromParticlesToGrids();
19
20      virtual void transferFromGridsToParticles();
21
22      virtual void moveParticles(double timeIntervalInSeconds);
23
24  private:
25      ...
26
27      void extrapolateVelocityToAir();
28
29      void buildMarkers();
30  };
31
32  ...
33
34  void PicSolver3::onBeginAdvanceTimeStep(double timeIntervalInSeconds) {
35      transferFromParticlesToGrids();
36      buildMarkers();
37      extrapolateVelocityToAir();
38      applyBoundaryCondition();
39  }
40
41  void PicSolver3::computeAdvection(double timeIntervalInSeconds) {
42      extrapolateVelocityToAir();
43      applyBoundaryCondition();
44      transferFromGridsToParticles();
45      moveParticles(timeIntervalInSeconds);
46  }
```

如图 4.1 所示，求解器传输粒子速度，标记粒子占据的网格，将速度扩展到空气区域，并在预处理步骤 onBeginAdvanceTimeStep 中应用边界条件。我们可能已经注意到，这个新求解器在速度外推部分模拟了 3.6 节中的自由界面流动。由于使用粒子的优势之一是质量守恒，我们将利用它来模拟无耗散的液体动画。

该类还使用粒子更新覆盖了对流步骤 computeAdvection。在非对流步骤之后，调用该函数。因此，它从再次将速度扩展到空气区域开始，用边界条件约束速度。接着，我们将速度从网格转移到粒子，并移动粒子。

从代码来看，特定于 PIC 法的部分将是 `transfer...`函数调用。我们来看每个函数的详细实现。

4.2.1 从粒子到网格的转换

首先，考虑从粒子到网格的传输。图 4.2 展示了简化的二维示例，以显示粒子的速度如何分布到附近的网格点。权重 A、B、C 和 D 由网格单元内的面积（三维空间中为体积）确定。所有权重的总和为 1。这些权重与 1.3.6 节中的双线性插值（三维空间中为三线性）中的权重相同，但在这种情况下，我们执行的是分布而不是插值。

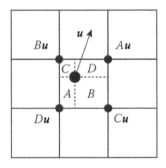

图 4.2　对于给定的速度为u的粒子，该值将赋予基于区域的
权重 A、B、C 和 D 的附近网格点

具体实现代码如下：

```
1 void PicSolver3::transferFromParticlesToGrids() {
2     ...
3
4     //将速度设为 0
5     flow->fill(Vector3D());
6
7     ...
8
9     //对速度做加权平均
10    for (size_t i = 0; i < numberOfParticles; ++i) {
11        std::array<Point3UI, 8> indices;
12        std::array<double, 8> weights;
```

```
13
14      uSampler.getCoordinatesAndWeights(
15          positions[i], &indices, &weights);
16      for (int j = 0; j < 8; ++j) {
17          u(indices[j]) += velocities[i].x * weights[j];
18          uWeight(indices[j]) += weights[j];
19      }
20
21      //对 v 和 w 分量做同样的运算
22  }
23
24  uWeight.forEachIndex([&](size_t i, size_t j) {
25      if (uWeight(i, j) > 0.0) {
26          u(i, j) /= uWeight(i, j);
27          _uMarkers(i, j) = 1;
28      }
29  });
30
31  //对 v 和 w 分量做同样的运算
32 }
```

首先，该函数将速度网格场清零。然后，对于每个粒子，权重被累积到附近的网格点。该代码使用一个实用函数 getCoordinatesAndWeights，它可以在 include/jet/array_samplers3.h 的 LinearArraySampler3 类中找到。现在，由于我们使用以面为中心的网格来存储速度，因此我们处理每个 u、v 和 w 的累积。完成累加后，权重被归一化。此外，我们用任何非零权重来标记网格点。所标记的网格单元在图 4.1 中显示为灰色。在确定网格单元是在液体内部还是空气内部时，将使用这些标记。

4.2.2　从网格到粒子的转换

在计算重力、黏性力和压力后，我们将速度传回粒子。这个过程很简单，这只是一个线性插值，代码如下：

```
1 void PicSolver3::transferFromGridsToParticles() {
2     ...
3
4     parallelFor(kZeroSize, numberOfParticles, [&](size_t i) {
5         velocities[i] = flow->sample(positions[i]);
6     });
7 }
```

直截了当，不是吗？我们进入下一个话题。

4.2.3　移动粒子

为了更新粒子的位置，我们在半拉格朗日方法（3.4.2 节）中执行类似的过程，但方向相反。对于每个粒子，我们都使用中点法计算其新位置。中间速度是通过计算给定位置处的网格速度来确定的。如果时间步长太大（因此 CFL 数很高），也可以采用子步法[127]：

```
1  void PicSolver2::moveParticles(double timeIntervalInSeconds) {
2      ...
3
4      parallelFor(kZeroSize, numberOfParticles, [&](size_t i) {
5          Vector2D pt0 = positions[i];
6          Vector2D pt1 = pt0;
7
8          //自适应时间步进
9          unsigned int numSubSteps
10             = static_cast<unsigned int>(std::max(maxCfl(), 1.0));
11         double dt = timeIntervalInSeconds / numSubSteps;
12         for (unsigned int t = 0; t < numSubSteps; ++t) {
13             Vector2D vel0 = flow->sample(pt0);
14
15             //中点法
16             Vector2D midPt = pt0 + 0.5 * dt * vel0;
17             Vector2D midVel = flow->sample(midPt);
18             pt1 = pt0 + dt * midVel;
19
20             pt0 = pt1;
21         }
22
23         //碰撞处理
24     });
25 }
```

如上面的代码所示，子步数由最大 CFL 数决定。同样，CFL 数表示信息可以传播的最大网格单元数。因此，用最大 CFL 数细分时间步长意味着我们希望粒子每次迭代移动都不超过一个网格单元。就像半拉格朗日方法中的回溯一样，这将使求解器比没有子步的版本更好地处理旋转流。

4.2.4　结果

图 4.3 中显示了示例模拟结果，这些结果是使用预测–校正不可压缩 SPH（PCISPH）示例（参见图 2.13）的相同"破坝"实验设置生成的。请注意，在模拟过程中可以很好地捕捉到薄水结构。这是基于粒子的模拟方法的优势之一。但与此同时，由于网格和粒子之间基于插值的传输引入了数值耗散，因此模拟看起来相对黏稠。在下一节中，我们将看到如何使用流体隐式粒子方法（FLIP）来减少这种人工黏性。

图 4.3　来自 PIC 求解器的示例模拟结果
水滑梯与固体障碍物相互作用并产生飞溅，
使用 875k 粒子和 150×100×75 分辨率网格进行模拟

4.3　流体隐式粒子法

PIC 法的人工黏性的主要来源是网格和粒子之间的来回插值。这似乎是不可避免的，因为混合方法的性质——混合异构离散化框架。我们可以考虑引入高阶插值方法，如 Catmull-Rom 样条（3.4.2.3 节），但表现仍然不能超过纯基于网格的模拟方法。虽然 PIC 法能够改善网格的质量守恒问题，但我们不能也采用基于粒子的模拟方法实现低耗散流吗？幸运的是，有一个求解方案。

由 Brackbill 等人[20]首次引入计算物理世界、并被 Zhu 和 Bridson[127]引入图形社区的流体隐式粒子方法（FLIP）的速度耗散比 PIC 法小得多。FLIP 法是对 PIC 法的扩展，实际上只需添加几行代码即可将 PIC 求解器变成 FLIP 模拟器。

当从网格转换速度时，PIC 法仅执行插值。请注意，PIC 法的想法是将非对流（重力、黏性力和压力）计算从粒子转移到网格。因此，如果我们将非对流步骤之间、之前和之后的增量速度传输给粒子，仍然可以实现目标。在这种情况下，不需要对整个速度场进行插值，只需插值比实际向量场小得多的速度增量。因此，只转换Δ会引入更少的插值误差，这意味着更少的速度耗散。这是 FLIP 法的关键思想，如图 4.4 所示。

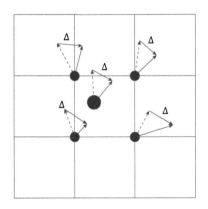

图 4.4　将速度从网格传输到粒子时，FLIP 法仅插值更新的增量而不是完整速度

如前所述，FLIP 法的实现非常简单，代码如下：

```
1 class FlipSolver3 : public PicSolver2 {
2   public:
```

```
3       FlipSolver3();
4
5       virtual ~FlipSolver3();
6
7   protected:
8       void transferFromParticlesToGrids() override;
9
10      void transferFromGridsToParticles() override;
11
12  private:
13      FaceCenteredGrid3 _delta;
14  };
```

新类 FlipSolver3 扩展了我们在上一节中构建的 PicSolver3，只有两个新函数来自定义速度传输和一个成员数据来存储增量速度。可以像下面这样实现每个函数：

```
1 void FlipSolver3::transferFromParticlesToGrids() {
2     PicSolver3::transferFromParticlesToGrids();
3
4     //存储中间状态
5     _delta.set(*gridSystemData()->velocity());
6 }
7
8 void FlipSolver3::transferFromGridsToParticles() {
9     auto flow = gridSystemData()->velocity();
10    auto positions = particleSystemData()->positions();
11    auto velocities = particleSystemData()->velocities();
12    size_t numberOfParticles = particleSystemData()->numberOfParticles();
13
14    //计算 delta
15    flow->parallelForEachU([&](size_t i, size_t j, size_t k) {
16        _delta.u(i, j, k) = flow->u(i, j, k) - _delta.u(i, j, k);
17    });
18
19    ...
20
21    //将 delta 转移到粒子
22    parallelFor(kZeroSize, numberOfParticles, [&](size_t i) {
23        velocities[i] += _delta.sample(positions[i]);
24    });
25 }
```

在 transferFromParticlesToGrids 中，它首先在从粒子传输到网格后，拍摄网格上的速度快照。然后，从 transferFromGridsToParticles 计算增量速度，并将其应用于粒子。

图 4.5 显示了 FLIP 求解器的示例。在相同设置下,与 PIC 法的结果相比,FLIP 法的结果显示出更少的速度耗散（图 4.3）。同样,示例图是使用 Mitsuba 渲染器[59] 渲染的。

图 4.5 来自 FLIP 求解器的示例模拟结果,水滑梯与固体障碍物相互作用并产生比 PIC 求解器 的结果更大的飞溅,使用 875k 粒子和 150×100×75 分辨率网格进行模拟

由于其稳定且耗散较少的特性,FLIP 法是商业软件包中最受欢迎的流体求解 器之一,例如 RealFlow[5]、Houdini[2]和 Naiad[17]。

4.4　其他方法

到目前为止，我们已经介绍了 PIC 法和 FLIP 法。虽然目前我们的代码库中没有实现，但本章的其余部分还将简要介绍两种著名的混合方法——粒子水平集法和涡旋粒子法。

4.4.1　粒子水平集法

PIC 法和 FLIP 法侧重于速度传输，而粒子水平集法侧重于几何固定。正如第 3 章所讨论的，使用水平集的液体模拟器存在质量耗散问题，这主要是因为基于网格的对流和重新初始化。粒子水平集法通过使用带符号距离的粒子固定水平集解来处理该问题。如果粒子在对流或重新初始化后位于界面的另一侧，则可能存在数值耗散。在这种情况下，假设粒子是球体，带符号距离场在几何上由粒子固定。这个想法首先由 Enright 等人[36,37]提出。使用粒子网格混合水平集处理高度详细的几何特征，即使在严重失真的情况下也是如此。图 4.6 显示了使用粒子水平集法的示例模拟之一。请注意，喷雾的薄结构保存得完好。

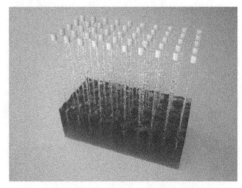

图 4.6　使用 Kim 等人[68]的粒子水平集法的模拟示例，发射器正在向水箱中注入稀薄的液体喷雾

界面另一侧的"逃逸"颗粒也可用于产生二次喷雾或泡沫。自然，我们可以应用基于粒子的模拟方法，例如简单的自由飞行模型，又或者全部基于 SPH 方法，来处理许多研究中显示的这些喷雾[79,110]。类似地，一些研究[51,69]也介绍了通过模拟逃逸的空气粒子来模拟气泡流。

粒子水平集法侧重于保持体积，而涡旋粒子方法试图保持速度场的涡量。我们来看看该方法背后的基本思想是什么。

4.4.2　涡旋粒子法

使流体流动看起来是动态的特性之一是涡量。它由应用于速度场的旋度（3.3节）计算得到，表示流体的旋转流动。尽管这种涡量可以制作逼真的湍流动画，但由于数值耗散，它在求解对流时经常会丢失。因此，许多文献都讨论了保存或恢复涡量的各种方法[42]，其中一种方法被称为涡旋粒子法[66,97,103,121]。图 4.7 显示了涡旋粒子法模拟的一些示例。

图 4.7　使用涡旋粒子法的示例①

顾名思义，与其他让粒子携带特定物理量处理对流问题的混合方法类似，涡旋粒子法就是让粒子传递涡量。PIC 法或 FLIP 法等中的粒子移动后，涡量积分的速度会累积到附近的网格点。更直观地，基于粒子携带的大小和旋转轴，它可以被视为粒子在它移动后的地方搅动流动（同时增加更多的涡量）。

4.5　讨论和延伸阅读

在本章中，我们介绍了结合粒子和网格的 PIC 法和 FLIP 法。PIC 法使用粒子处理对流问题，其他力（如重力、黏性力和压力）使用网格计算。这种方法在保

---

① D. KIM, S.W. LEE, O.-Y. SONG, et al. Baroclinic turbulence with varying density and temperature. IEEE Transactions on Visualization and Computer Graphics, 18(9):1488-1495, © (2012) IEEE.

持质量或体积方面具有优势，但会在系统中引入更多的人工黏性。改进的 PIC 法，即 FLIP 法，通过传输粒子和网格之间的速度增量而不是全速度场来求解数值耗散。

尽管混合方法处理了来自粒子或网格的一些伪影，但不能说混合方法比纯粹基于拉格朗日或基于欧拉的方法"更好"。由于 PIC 法使用粒子来表示流体，因此它并没有摆脱其他基于粒子的模拟方法所具有的斑点表面。此外，这些方法仍然需要背景网格，这意味着计算区域和离散化点的数量会随着粒子在空间中的耗散而增加。因此，混合方法确实继承了基于粒子和网格的模拟方法的一些缺点。

根据目标流体现象，应仔细选择模拟方法。例如，在一般情况下模拟喷雾或飞溅时，首选 SPH 或 FLIP 法。对于烟雾或火灾模拟，可以生成光滑结果的，基于网格的模拟方法将是更好的选择。对于中大型水体的动画，水平集方法将创建逼真的波浪。在高黏性流动的情况下，例如泥浆甚至沙子，PIC 法可以有效地生成动画[127]。

还有许多其他有趣的主题，本书无法涵盖。例如，使用显式三角网格[120]、肥皂泡膜[33,63]模拟液体表面，或使用高度场[115]模拟海洋尺度的流体动力学，都值得进一步研究。要了解更多领域的更多信息并关注流体动画的最新研究，请查看计算机图形会议的演示文稿和论文，例如 ACMSIGGRAPH、Eurographics 或 Symposium on Computer Animation。许多学校和会议的课程笔记也是很好的材料。Bridson 关于流体模拟的书[21]也对计算机图形程序的计算流体动力学进行了深刻的解释。

附录 A

基础知识增补

A.1 共轭梯度和预条件共轭梯度的实现

如 Shewchuk 1994[107]所述，可以像下面这样写出预条件共轭梯度算法：

```
 1 void pcg(A, x, b) {
 2     Build preconditioner M from A
 3
 4     Compute r = b − Ax
 5
 6     Solve d = M⁻¹r
 7
 8     Solve σ^new = r · d
 9
10     while (σ^new > tolerance² && i < maxIter) {
11         q = Ad
12
13         α = σ^new/d · q
14
15         x = x + αd
16
17         if (i % 50 == 0) {
18             r = b − Ax
19         } else {
20             r = r − αq
21         }
22
23         s = M⁻¹r
24
25         σ^old = σ^new
26
27         σ^new = r · s
```

```
28
29          β = σ^new/σ^old
30
31          d = s + βd
32      }
33  }
```

要实现上述算法，我们需要两个额外的模块——线性代数函数和预条件器。线性代数函数模块提供基本的矩阵和向量运算，例如集合、复制、乘法、点积和范数。考虑以下接口：

```
1 template <typename S, typename V, typename M>
2 struct Blas {
3     typedef S ScalarType;
4     typedef V VectorType;
5     typedef M MatrixType;
6
7     //对指定向量设置标量值
8     static void set(ScalarType s, VectorType* result);
9
10    //对指定向量设置向量值
11    static void set(const VectorType& v, VectorType* result);
12
13    //对指定矩阵设置标量值
14    static void set(ScalarType s, MatrixType* result);
15
16    //对指定矩阵设置矩阵值
17    static void set(const MatrixType& m, MatrixType* result);
18
19    //内积运算
20    static ScalarType dot(const VectorType& a, const VectorType& b);
21
22    //计算 a*x + y
23    static void axpy(
24        ScalarType a,
25        const VectorType& x,
26        const VectorType& y,
27        VectorType* result);
28
29    //计算矩阵向量乘法
30    static void mvm(
31        const MatrixType& m,
32        const VectorType& v,
33        VectorType* result);
34
```

```
35    //计算 b - A*x
36    static void residual(
37        const MatrixType& a,
38        const VectorType& x,
39        const VectorType& b,
40        VectorType* result);
41
42    //返回向量的长度
43    static ScalarType l2Norm(const VectorType& v);
44
45    //返回向量元素中的绝对最大值
46    static ScalarType lInfNorm(const VectorType& v);
47 };
```

上面的代码列出了线性代数函数。结构的名称 Blas 来自 BLAS（基本线性代数子程序）[75]，但已大大简化。

然后，在求解共轭梯度时，预条件子对象用于从系统矩阵计算预条件矩阵。考虑以下代码：

```
1 template <typename BlasType>
2 struct NullCgPreconditioner final {
3     void build(const typename BlasType::MatrixType&) {}
4
5     void solve(
6         const typename BlasType::VectorType& b,
7         typename BlasType::VectorType* x) {
8         BlasType::set(b, x);
9     }
10 };
```

上面的结构构建了一个空预条件器，因此 $M = I$。当构建函数被调用时，这个预条件器什么都不做。函数 solve 计算 $x = M^{-1}b$，在这种特殊情况下，它只是将 b 复制到 x。

使用所有这些基础设施——线性代数函数和预条件器——可以实现共轭梯度方法：

```
1 template <typename BlasType>
2 void cg(
3     const typename BlasType::MatrixType& A,
4     const typename BlasType::VectorType& b,
5     unsigned int maxNumberOfIterations,
6     double tolerance,
7     typename BlasType::VectorType* x,
```

```
8      typename BlasType::VectorType* r,
9      typename BlasType::VectorType* d,
10     typename BlasType::VectorType* q,
11     typename BlasType::VectorType* s,
12     unsigned int* lastNumberOfIterations,
13     double* lastResidual) {
14     typedef NullCgPreconditioner<BlasType> PrecondType;
15     PrecondType precond;
16     pcg<BlasType, PrecondType>(
17         A,
18         b,
19         maxNumberOfIterations,
20         tolerance,
21         &precond,
22         x,
23         r,
24         d,
25         q,
26         s,
27         lastNumberOfIterations,
28         lastResidual);
29 }
```

请注意，函数 cg 正在调用带有空预条件器的 pcg。基于本节开头所示的算法，可以像下面这样写出函数 pcg：

```
1 template <
2      typename BlasType,
3      typename PrecondType>
4 void pcg(
5      const typename BlasType::MatrixType& A,
6      const typename BlasType::VectorType& b,
7      unsigned int maxNumberOfIterations,
8      double tolerance,
9      PrecondType* M,
10     typename BlasType::VectorType* x,
11     typename BlasType::VectorType* r,
12     typename BlasType::VectorType* d,
13     typename BlasType::VectorType* q,
14     typename BlasType::VectorType* s,
15     unsigned int* lastNumberOfIterations,
16     double* lastResidual) {
17     BlasType::set(0, r);
18     BlasType::set(0, d);
19     BlasType::set(0, q);
20     BlasType::set(0, s);
```

```
21
22    M->build(A);
23
24    BlasType::residual(A, *x, b, r);
25
26    M->solve(*r, d);
27
28    double sigmaNew = BlasType::dot(*r, *d);
29    double sigma0 = sigmaNew;
30
31    unsigned int iter = 0;
32    while (sigmaNew > square(tolerance) * sigma0
33          && iter < maxNumberOfIterations) {
34        BlasType::mvm(A, *d, q);
35
36        double alpha = sigmaNew / BlasType::dot(*d, *q);
37
38        BlasType::axpy(alpha, *d, *x, x);
39
40        if (iter % 50 == 0 && iter > 0) {
41            BlasType::residual(A, *x, b, r);
42        } else {
43            BlasType::axpy(-alpha, *q, *r, r);
44        }
45
46        M->solve(*r, s);
47
48        double sigmaOld = sigmaNew;
49
50        sigmaNew = BlasType::dot(*r, *s);
51
52        double beta = sigmaNew / sigmaOld;
53
54        BlasType::axpy(beta, *d, *s, d);
55
56        ++iter;
57    }
58
59    *lastNumberOfIterations = iter;
60    *lastResidual = sigmaNew;
61 }
```

A.2 自适应时间步长

在 1.6 节中，我们讨论了 **PhysicsAnimation** 类应该如何在更新周期中调用 **onAdvanceTimeStep**。该类假设时间步长与帧时间间隔相同，但这通常会引入较大的数值误差，从而使模拟结果与真实的物理现象相去甚远。因此，虽然常用的帧速率是 1/24、1/30 或 1/60，但通常需要更小的时间间隔。例如，如果某些物体移动得太快，以至于 30FPS 或 60FPS 仍然太大，而无法捕获更精细的细节，可能希望将一帧分成更小的子帧。我们可以固定时间间隔的细分量，也可以根据当前模拟状态自适应地细化时间步长。如果正在运行的模拟太明显，则需要整个动画的小时间步长，那么固定时间步长将是可取的。但是如果模拟可以处理较大的时间步长，但在特殊情况下只需要较小的步长，那么自适应方法将节省大量的计算成本。此类子时间步可以在 **PhysicsAnimaion** 类的函数 **advanceTimeStep** 中实现：

```
1 void PhysicsAnimation::advanceTimeStep(double timeIntervalInSeconds) {
2     if (_isUsingFixedSubTimeSteps) {
3         //进行固定步长时间步进
4         ...
5     } else {
6         //进行自适应时间步进
7         ...
8     }
9 }
```

根据成员变量 **_isUsingFixedSubTimeSteps**，这段代码要么将给定的时间间隔统一划分为多个固定的较小时间步长，要么执行自适应采样。从更简单的版本开始，固定时间步长，可以如下编写代码：

```
1 void PhysicsAnimation::advanceTimeStep(double timeIntervalInSeconds) {
2     if (_isUsingFixedSubTimeSteps) {
3         //进行固定步长时间步进
4         const double actualTimeInterval
5             = timeIntervalInSeconds
6             / static_cast<double>(_numberOfFixedSubTimeSteps);
7         for (unsigned int i = 0; i < _numberOfFixedSubTimeSteps; ++i) {
8             onAdvanceTimeStep(actualTimeInterval);
9         }
```

```
10      } else {
11          //进行自适应时间步进
12          ...
13      }
14  }
```

这非常简单——只需将给定的时间间隔分成更小的子间隔，然后前进多次。不过，自适应时间步进稍微复杂一些。如果我们直接看代码，可以看到以下内容：

```
1  void PhysicsAnimation::advanceTimeStep(double timeIntervalInSeconds) {
2      if (_isUsingFixedSubTimeSteps) {
3          //进行固定步长时间步进
4          ...
5      } else {
6          //进行自适应时间步进
7
8          double remainingTime = timeIntervalInSeconds;
9          while (remainingTime > kEpsilonD) {
10             unsigned int numSteps = numberOfSubTimeSteps(remainingTime);
11             double actualTimeInterval
12                 = remainingTime / static_cast<double>(numSteps);
13
14             onAdvanceTimeStep(actualTimeInterval);
15
16             remainingTime -= actualTimeInterval;
17         }
18     }
19  }
```

代码从给定帧的整个时间间隔开始，然后计算该时间间隔需要多少子时间步。计算由 numberOfSubTimeSteps 完成，它是一个虚函数。继承 PhysicsAnimation 类的子类可以覆盖该函数并实现其特定于模型的逻辑。一旦确定了子时间步的数量，代码就会前进一个子时间步并从全时间间隔中减去子时间间隔以获得剩余的持续时间。然后，重复这个过程，直到剩余时间趋近于零。

附录 B

基于粒子的模拟方法增补

B.1　SPH核函数

任何有效核函数的体积分应满足

$$\int W(r) = 1 \tag{B.1}$$

例如，标准的三维 SPH 核函数是

$$W_{\text{std}}(r) = \frac{315}{64\pi h^3} \begin{cases} (1 - \dfrac{r^2}{h^2})^3 & 0 \leqslant r \leqslant h \\ 0 & \text{其他} \end{cases} \tag{B.2}$$

球坐标中的体积分可写为

$$\iiint_V W(r) r^2 \sin\theta \, \mathrm{d}r \mathrm{d}\theta \mathrm{d}\phi \tag{B.3}$$

代入标准 SPH 核函数后，等式变为

$$\iiint_V \frac{315}{64\phi h^3} \left(1 - \frac{r^2}{h^2}\right)^3 r^2 \sin\theta \, \mathrm{d}r \mathrm{d}\theta \mathrm{d}\phi \tag{B.4}$$

计算上述等式得出 1。类似地，极坐标中的二维面积积分可以写为

$$\iint_A W(r) r\theta \mathrm{d}r \mathrm{d}\theta \tag{B.5}$$

因此，标准的二维 SPH 核函数可从上面的积分中导出，即

$$W_{\mathrm{std}}(r) = \frac{4}{\pi h^3}\begin{cases}(1-\dfrac{r^2}{h^2})^3 & 0 \leqslant r \leqslant h \\ 0 & \text{其他}\end{cases} \tag{B.6}$$

同样，尖峰三维 SPH 核函数是

$$W_{\mathrm{spiky}}(r) = \frac{15}{\pi h^3}\begin{cases}(1-\dfrac{r}{h})^3 & 0 \leqslant r \leqslant h \\ 0 & \text{其他}\end{cases} \tag{B.7}$$

它的二维版本是

$$W_{\mathrm{spiky}}(r) = \frac{10}{\pi h^2}\begin{cases}(1-\dfrac{r}{h})^3 & 0 \leqslant r \leqslant h \\ 0 & \text{其他}\end{cases} \tag{B.8}$$

B.2 PCISPH推导

在 PCISPH 的预测–校正过程中，主要目标是根据预测位置和由此产生的密度误差计算校正压力。以下推导来自 Solenthaler 和 Pajarola 2007[109]。

首先，我们尝试计算粒子位置出现小扰动时的密度变化。假设在Δt之后，密度可以近似为

$$
\begin{aligned}
\rho_i(t+\Delta t) &= m\sum_j W\left(\boldsymbol{x}_i(t+\Delta t) - \boldsymbol{x}_j(t+\Delta t)\right) \\
&= m\sum_j W\left(\boldsymbol{x}_i(t) + \Delta\boldsymbol{x}_i(t) - \boldsymbol{x}_j(t) - \Delta\boldsymbol{x}_j(t)\right) \\
&= m\sum_j W\left(\boldsymbol{r}_{ij}(t) + \Delta\boldsymbol{r}_{ij}(t)\right) \\
&\cong m\sum_j W\left(\boldsymbol{r}_{ij}(t) + \nabla W\left(\boldsymbol{r}_{ij}(t)\right)\right)\cdot\Delta\boldsymbol{r}_{ij}(t) \\
&= \rho_i(t) + \Delta\rho_i(t)
\end{aligned}
\tag{B.9}
$$

其中，$\boldsymbol{r}_{ij} = \boldsymbol{x}_i - \boldsymbol{x}_j$。这将得到

$$\Delta\rho_i(t) = m\sum_j \nabla W(\boldsymbol{r}_{ij}(t)) \cdot \Delta\boldsymbol{r}_{ij}(t)$$
$$= m\left(\sum_j \nabla W_{ij}\Delta\boldsymbol{x}_i(t) - \sum_j \nabla W_{ij}\Delta\boldsymbol{x}_j(t)\right) \quad\text{（B.10）}$$
$$= m\left(\Delta\boldsymbol{x}_i(t)\sum_j \nabla W_{ij} - \sum_j \nabla W_{ij}\Delta\boldsymbol{x}_j(t)\right)$$

现在，假设$\tilde{p}$是校正压力，让我们来看由$\tilde{p}$带来的密度变化是多少。Solenthaler 和 Pajarola[109]的原始论文使用蛙跳时间积分来计算由于压力梯度力引起的位置变化：

$$\Delta x_i = \Delta t^2 \frac{\boldsymbol{F}_i^p}{m} \quad\text{（B.11）}$$

其中，$\boldsymbol{F}_i^p$（或$\boldsymbol{F}_{j\to i}^p$）是所有相邻粒子$j$的压力总和。假设附近压力相似，密度接近目标密度$\rho_0$，得到

$$\boldsymbol{F}_i^p = \boldsymbol{F}_{j\to i}^p$$
$$= -m^2\sum_j\left(\frac{\tilde{\rho}_i}{\rho_i^2} + \frac{\tilde{\rho}_j}{\rho_j^2}\right)\nabla W_{ij} \cong -m^2\left(\frac{\tilde{\rho}_i}{\rho_0^2} + \frac{\tilde{\rho}_i}{\rho_0^2}\right)\sum_j \nabla W_{ij} = -m^2\frac{2\tilde{\rho}_i}{\rho_0^2}\sum_j \nabla W_{ij} \quad\text{（B.12）}$$

因此，可以计算由于压力变化引起的粒子i的位置变化

$$\Delta\boldsymbol{x}_i = -\Delta t^2 m\frac{2\tilde{p}_i}{\rho_0^2}\sum_j \nabla W_{ij} \quad\text{（B.13）}$$

粒子j对粒子i的压力贡献等于粒子i对粒子j贡献的力。因此，得到

$$\Delta\boldsymbol{x}_j = -\Delta t^2 m\frac{2\tilde{p}_i}{\rho_0^2}\nabla W_{ij} \quad\text{（B.14）}$$

代入式（B.10）中的Δx_i和Δx_j，得到

$$\Delta\rho_i(t) = m\left(\Delta x_i(t)\sum_j \nabla W_{ij} - \sum_j \nabla W_{ij}\,\Delta x_j(t)\right) \quad\text{（B.15）}$$

$$= \Delta t^2 m^2 \frac{2\widetilde{\rho}_i}{\rho_0^2} \left(-\sum_j \nabla W_{ij} \cdot \sum_j \nabla W_{ij} - \sum_j (\nabla W_{ij} \cdot \nabla W_{ij}) \right)$$

因此，密度变化$\Delta\rho$映射到压力变化$\widetilde{p}$，得到

$$\widetilde{p}_i = \frac{\Delta\rho_i(t)}{\beta \left(-\sum_j \nabla W_{ij} \cdot \sum_j \nabla W_{ij} - \sum_j (\nabla W_{ij} \cdot \nabla W_{ij}) \right)} \tag{B.16}$$

其中，

$$\beta = \Delta t^2 m^2 \frac{2}{\rho_0^2} \tag{B.17}$$

因此，如果预测位置存在密度误差ρ_{err}^*，可以通过以下方式计算抵消误差的压力：

$$\widetilde{p}_i = \frac{-\rho_{\text{err},i}^*}{\beta \left(-\sum_j \nabla W_{ij} \cdot \sum_j \nabla W_{ij} - \sum_j (\nabla W_{ij} \cdot \nabla W_{ij}) \right)} \tag{B.18}$$

通过简化等式，得到

$$\widetilde{p}_i = \delta \rho_{\text{err},i}^* \tag{B.19}$$

其中，

$$\delta = \frac{-1}{\beta \left(-\sum_j \nabla W_{ij} \cdot \sum_j \nabla W_{ij} - \sum_j (\nabla W_{ij} \cdot \nabla W_{ij}) \right)} \tag{B.20}$$

式中的标量δ来自 2.4 节的代码，我们能够通过下面的代码预计算δ：

```
1 double PciSphSolver3::computeDelta(double timeStepInSeconds) {
2     auto particles = sphSystemData();
3     const double kernelRadius = particles->kernelRadius();
4
5     Array1<Vector3D> points;
6     BccLatticePointsGenerator pointsGenerator;
7     Vector3D origin;
8     BoundingBox3D sampleBound(origin, origin);
```

```
9      sampleBound.expand(1.5 * kernelRadius);
10
11     pointsGenerator.generate(
12         sampleBound, particles->targetSpacing(), &points);
13
14     SphSpikyKernel3 kernel(kernelRadius);
15
16     double denom = 0;
17     Vector3D denom1;
18     double denom2 = 0;
19
20     for (size_t i = 0; i < points.size(); ++i) {
21         const Vector3D& point = points[i];
22         double distanceSquared = point.lengthSquared();
23
24         if (distanceSquared < kernelRadius * kernelRadius) {
25             double distance = std::sqrt(distanceSquared);
26             Vector3D direction =
27                 (distance > 0.0) ? point / distance : Vector3D();
28
29             // grad(Wij)
30             Vector3D gradWij = kernel.gradient(distance, direction);
31             denom1 += gradWij;
32             denom2 += gradWij.dot(gradWij);
33         }
34     }
35
36     denom += -denom1.dot(denom1) - denom2;
37
38     return (std::fabs(denom) > 0.0) ?
39     -1 / (computeBeta(timeStepInSeconds) * denom) : 0;
40 }
41
42 double PciSphSolver3::computeBeta(double timeStepInSeconds) {
43   auto particles = sphSystemData();
44   return 2.0 * square(particles->mass() * timeStepInSeconds
45     / particles->targetDensity());
46 }
```

上面的代码在一个小包围盒中生成均匀分布的点，并通过在包围盒中心迭代所有粒子来计算δ。BccLatticePointsGenerator 类的实例以体心立方模式生成点。该格式在单位立方体的中心有一个点和 8 个角点。

附录 C

基于网格的模拟方法增补

C.1　网格上的向量与矩阵

正如 3.4.4 节和 3.4.5 节所讨论的，基于网格的求解器需要一个线性系统及其求解器来计算稳定的耗散和压力泊松方程。要形成线性系统，我们需要基于网格的向量和矩阵数据结构。特别地，该矩阵应该是一个稀疏矩阵（1.3.3 节）。

为网格构建向量很简单，如 3.4.4 节所述，网格点 (i, j, k) 映射到向量的第 $i+\text{width} \cdot (j+\text{height} \cdot k)$ 个元素。因此，我们为向量定义一个类型：

```
1 typedef Array3<double> FdmVector3;
```

前缀 Fdm 表示它是 FDM（有限差分法）计算的向量。矩阵定义有点复杂，但我们使用相同的映射：网格点 (i, j, k) 映射到矩阵的第 $i+\text{width} \cdot (j+\text{height} \cdot k)$ 行/列。由于这是一个用于 FDM 应用的矩阵，而本书中的大部分 FDM 只需要最近邻居（如中心差分），我们将假设矩阵的一行在三维中最多有 7 列（中心、左、右、下、上、后和前），在二维中最多有 5 列。此外，我们将在本书和代码库中做出的另一个假设是，矩阵是对称的（$A_{ij} = A_{ji}$）。因此，我们只能在一行中存储 4 列（中心、右、上和前），其他 3 列可以从相邻的网格点访问。图 C.1 显示了矩阵的构建方式。一行存储在一个网格点上，每一行都存储与其相邻行对应的列。

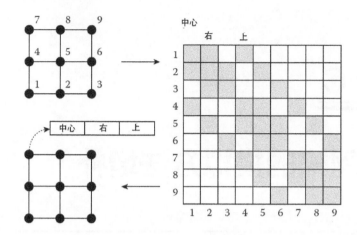

图 C.1　具有一环邻域有限差分的 3×3 二维网格构建如右图所示的矩阵；
稀疏矩阵可以以网格格式存储，如左下角所示

下面的代码实现了数据结构：

```
1 struct FdmMatrixRow3 {
2     double center = 0.0;
3     double right = 0.0;
4     double up = 0.0;
5     double front = 0.0;
6 };
7
8 typedef Array3<FdmMatrixRow3> FdmMatrix3;
```

通过使用 FdmVector3 和 FdmMatrix3，可以按以下方式执行矩阵–向量乘法：

```
1 void FdmBlas3::mvm(
2     const FdmMatrix3& m,
3     const FdmVector3& v,
4     FdmVector3* result) {
5     Size3 size = m.size();
6
7     m.parallelForEachIndex([&](size_t i, size_t j, size_t k) {
8         (*result)(i, j, k)
9             = m(i, j, k).center * v(i, j, k)
10            + ((i > 0) ? m(i - 1, j, k).right * v(i - 1, j, k) : 0.0)
11            + ((i + 1 < size.x) ? m(i, j, k).right * v(i + 1, j, k) : 0.0)
12            + ((j > 0) ? m(i, j - 1, k).up * v(i, j - 1, k) : 0.0)
13            + ((j + 1 < size.y) ? m(i, j, k).up * v(i, j + 1, k) : 0.0)
14            + ((k > 0) ? m(i, j, k - 1).front * v(i, j, k - 1) : 0.0)
15            + ((k + 1 < size.z) ? m(i, j, k).front * v(i, j, k + 1) : 0.0);
16    });
17 }
```

　　请注意，代码通过查找另一行的右列 m(i-1,j,k).right 来访问对应于左邻域 $(i-1,j,k)$ 的列。这同样适用于没有明确存储的下邻居和后邻居。FdmBlas3 是一个包装类，提供基本的线性代数运算，如矩阵向量乘法（请参阅附录 A.1 中的 Blas）。下面是 FdmBlas3 提供的核心函数：

```
1 struct FdmBlas3 {
2     typedef double ScalarType;
3     typedef FdmVector3 VectorType;
4     typedef FdmMatrix3 MatrixType;
5
6     //对指定向量设置标量值
7     static void set(double s, FdmVector3* result);
8
9     //对指定向量设置向量值
10     static void set(const FdmVector3& v, FdmVector3* result);
11
12     //对指定矩阵设置标量值
13     static void set(double s, FdmMatrix3* result);
14
15     //对指定矩阵设置矩阵值
16     static void set(const FdmMatrix3& m, FdmMatrix3* result);
17
18     //计算内积
19     static double dot(const FdmVector3& a, const FdmVector3& b);
20
21     //计算 a*x + y
22     static void axpy(
23         double a,
24         const FdmVector3& x,
25         const FdmVector3& y,
26         FdmVector3* result);
27
28     //计算矩阵向量乘法
29     static void mvm(
30         const FdmMatrix3& m, const FdmVector3& v, FdmVector3* result);
31
32     //计算 b - A*x
33     static void residual(
34         const FdmMatrix3& a,
35         const FdmVector3& x,
36         const FdmVector3& b,
37         FdmVector3* result);
38
39     //返回向量的长度
```

```
40    static double l2Norm(const FdmVector3& v);
41
42    //返回向量元素中的绝对最大值
43    static double lInfNorm(const FdmVector3& v);
44 };
```

在求解线性系统时，通常同时需要 $Ax = b$ 的矩阵 A、向量 x 和 b。所以我们定义一个简单的 bundle 类：

```
1 struct FdmLinearSystem3 {
2     FdmMatrix3 A;
3     FdmVector3 x, b;
4 };
```

C.2 迭代求解器

在 1.3.4 节中，我们讨论了一些线性系统求解器。我们来看如何使用 FdmVector3 和 FdmMatrix3 实现这些方法。

C.2.1 雅可比方法

如 1.3.4.2 节所示，雅可比（Jacobi）方法迭代以下步骤：

$$x^{k+1} = D^{-1}(b - Rx^k) \tag{C.1}$$

通过使用 FDM 优化的向量和矩阵数据结构，可以按以下方式实现上面的等式：

```
1 void FdmJacobiSolver3::relax(
2     FdmLinearSystem3* system, FdmVector3* xTemp) {
3     Size3 size = system->x.size();
4     FdmMatrix3& A = system->A;
5     FdmVector3& x = system->x;
6     FdmVector3& b = system->b;
7
8     A.parallelForEachIndex([&](size_t i, size_t j, size_t k) {
9         double r
10            = ((i > 0) ? A(i - 1, j, k).right * x(i - 1, j, k) : 0.0)
11            + ((i + 1 < size.x) ? A(i, j, k).right * x(i + 1, j, k) : 0.0)
12            + ((j > 0) ? A(i, j - 1, k).up * x(i, j - 1, k) : 0.0)
13            + ((j + 1 < size.y) ? A(i, j, k).up * x(i, j + 1, k) : 0.0)
14            + ((k > 0) ? A(i, j, k - 1).front * x(i, j, k - 1) : 0.0)
```

```
15              + ((k + 1 < size.z) ? A(i, j, k).front * x(i, j, k + 1) : 0.0);
16
17      (*xTemp)(i, j, k) = (b(i, j, k) - r) / A(i, j, k).center;
18   });
19 }
```

要重复上面的迭代，可以这样写：

```
1 class FdmLinearSystemSolver3 {
2   public:
3       virtual bool solve(FdmLinearSystem3* system) = 0;
4 };
5
6 class FdmJacobiSolver3 final : public FdmLinearSystemSolver3 {
7   public:
8       ...
9
10      bool solve(FdmLinearSystem3* system) override;
11
12      ...
13
14  private:
15      unsigned int _maxNumberOfIterations;
16      unsigned int _lastNumberOfIterations;
17      unsigned int _residualCheckInterval;
18      double _tolerance;
19      double _lastResidual;
20
21      FdmVector3 _xTemp;
22      FdmVector3 _residual;
23
24      void relax(FdmLinearSystem3* system, FdmVector3* xTemp);
25 };
26
27 bool FdmJacobiSolver3::solve(FdmLinearSystem3* system) {
28      _xTemp.resize(system->x.size());
29      _residual.resize(system->x.size());
30
31      for (unsigned int iter = 0; iter < _maxNumberOfIterations; ++iter) {
32          relax(system, &_xTemp);
33
34          _xTemp.swap(system->x);
35
36          if (iter != 0 && iter % _residualCheckInterval == 0) {
37              FdmBlas3::residual(
38                  system->A, system->x, system->b, &_residual);
```

```
39
40                if (FdmBlas3::l2Norm(_residual) < _tolerance) {
41                    break;
42                }
43         }
44     }
45
46     FdmBlas3::residual(system->A, system->x, system->b, &_residual);
47     _lastResidual = FdmBlas3::l2Norm(_residual);
48
49     return _lastResidual < _tolerance;
50 }
```

这里，类 FdmJacobiSolver3 继承自抽象基类 FdmLinearSystemSolver3，
代表线性系统求解器接口。在 solve 函数（求解给定的线性系统）中，代码调用
之前定义的 relax 函数，然后查看是否可以通过计算残差及其L2范数来终止迭代。
残差定义为

$$r = b - Ax \tag{C.2}$$

L2 范数是向量的长度。因此，如果残差向量的长度足够小，则迭代就会终止。

C.2.2　高斯-赛德尔方法

可以像下面这样写出高斯–赛德尔（Gauss-Seidel）方法的迭代方程

$$x_i^{k+1} = \frac{1}{a_{ii}} \left(b_i - \sum_{j>i} a_{ij} x_j^{k+1} - \sum_{j>i} a_{ij} x_j^k \right) \tag{C.3}$$

对应的实现和雅可比法很相似，代码如下：

```
1 void FdmGaussSeidelSolver3::relax(FdmLinearSystem3* system) {
2     Size3 size = system->x.size();
3     FdmMatrix3& A = system->A;
4     FdmVector3& x = system->x;
5     FdmVector3& b = system->b;
6
7     A.forEachIndex([&](size_t i, size_t j, size_t k) {
8         double r
9         = ((i > 0) ? A(i - 1, j, k).right * x(i - 1, j, k) : 0.0)
10        + ((i + 1 < size.x) ? A(i, j, k).right * x(i + 1, j, k) : 0.0)
11        + ((j > 0) ? A(i, j - 1, k).up * x(i, j - 1, k) : 0.0)
12        + ((j + 1 < size.y) ? A(i, j, k).up * x(i, j + 1, k) : 0.0)
```

```
13        + ((k > 0) ? A(i, j, k - 1).front * x(i, j, k - 1) : 0.0)
14        + ((k + 1 < size.z) ? A(i, j, k).front * x(i, j, k + 1) : 0.0);
15
16      x(i, j, k) = (b(i, j, k) - r) / A(i, j, k).center;
17    });
18 }
```

请注意，forEach 循环是一个串行过程，因为代码依赖于其他网格点。

C.2.3　共轭梯度法

如附录 A.1 所述，可以通过将线性代数函数 FdmBlas3 插入共轭梯度下降法求解器来实现基于网格的共轭梯度下降求解器。代码如下：

```
1 bool FdmCgSolver3::solve(FdmLinearSystem3* system) {
2    FdmMatrix3& matrix = system->A;
3    FdmVector3& solution = system->x;
4    FdmVector3& rhs = system->b;
5
6    Size3 size = matrix.size();
7    _r.resize(size);
8    _d.resize(size);
9    _q.resize(size);
10    _s.resize(size);
11
12    system->x.set(0.0);
13    _r.set(0.0);
14    _d.set(0.0);
15    _q.set(0.0);
16    _s.set(0.0);
17
18    cg<FdmBlas3>(
19        matrix,
20        rhs,
21        _maxNumberOfIterations,
22        _tolerance,
23        &solution,
24        &_r,
25        &_d,
26        &_q,
27        &_s,
28        &_lastNumberOfIterations,
29        &_lastResidual);
30
```

```
31    return _lastResidual <= _tolerance
32        || _lastNumberOfIterations < _maxNumberOfIterations;
33 }
```

现在，将代码扩展到预条件共轭梯度求解器，可以通过实现预条件器来完成：

```
1 class FdmIccgSolver3 final : public FdmLinearSystemSolver3 {
2  public:
3     ...
4
5     bool solve(FdmLinearSystem3* system) override;
6
7     ...
8
9  private:
10    struct Preconditioner final {
11        ConstArrayAccessor3<FdmMatrixRow3> A;
12        FdmVector3 d;
13        FdmVector3 y;
14
15        void build(const FdmMatrix3& matrix);
16
17        void solve(
18            const FdmVector3& b,
19            FdmVector3* x);
20    };
21
22    ...
23 };
24
25 bool FdmIccgSolver3::solve(FdmLinearSystem3* system) {
26    FdmMatrix3& matrix = system->A;
27    FdmVector3& solution = system->x;
28    FdmVector3& rhs = system->b;
29
30    Size3 size = matrix.size();
31    _r.resize(size);
32    _d.resize(size);
33    _q.resize(size);
34    _s.resize(size);
35
36    system->x.set(0.0);
37    _r.set(0.0);
38    _d.set(0.0);
39    _q.set(0.0);
40    _s.set(0.0);
```

```
41
42     _precond.build(matrix);
43
44     pcg<FdmBlas3, Preconditioner>(
45         matrix,
46         rhs,
47         _maxNumberOfIterations,
48         _tolerance,
49         &_precond,
50         &solution,
51         &_r,
52         &_d,
53         &_q,
54         &_s,
55         &_lastNumberOfIterations,
56         &_lastResidual);
57
58     return _lastResidual <= _tolerance
59         || _lastNumberOfIterations < _maxNumberOfIterations;
60 }
```

该代码库为预条件器 Preconditioner 实现了修改后的不完全 Cholesky 分解[24]：

```
1 void FdmIccgSolver3::Preconditioner::build(const FdmMatrix3& matrix) {
2     Size3 size = matrix.size();
3     A = matrix.constAccessor();
4
5     d.resize(size, 0.0);
6     y.resize(size, 0.0);
7
8     matrix.forEachIndex([&](size_t i, size_t j, size_t k) {
9         double denom
10            = matrix(i, j, k).center
11            - ((i > 0) ?
12                square(matrix(i - 1, j, k).right) * d(i - 1, j, k) : 0.0)
13            - ((j > 0) ?
14                square(matrix(i, j - 1, k).up) * d(i, j - 1, k) : 0.0)
15            - ((k > 0) ?
16                square(matrix(i, j, k - 1).front) * d(i, j, k - 1) : 0.0);
17
18        if (std::fabs(denom) > 0.0) {
19            d(i, j, k) = 1.0 / denom;
20        } else {
21            d(i, j, k) = 0.0;
22        }
23    });
```

```
24 }
25
26 void FdmIccgSolver3::Preconditioner::solve(
27     const FdmVector3& b,
28     FdmVector3* x) {
29     ssize_t sx = static_cast<ssize_t>(size.x);
30     ssize_t sy = static_cast<ssize_t>(size.y);
31     ssize_t sz = static_cast<ssize_t>(size.z);
32
33     b.forEachIndex([&](size_t i, size_t j, size_t k) {
34         y(i, j, k)
35             = (b(i, j, k)
36             - ((i > 0) ? A(i - 1, j, k).right * y(i - 1, j, k) : 0.0)
37             - ((j > 0) ? A(i, j - 1, k).up * y(i, j - 1, k) : 0.0)
38             - ((k > 0) ? A(i, j, k - 1).front * y(i, j, k - 1) : 0.0))
39             * d(i, j, k);
40     });
41
42     for (ssize_t k = sz - 1; k >= 0; --k) {
43         for (ssize_t j = sy - 1; j >= 0; --j) {
44             for (ssize_t i = sx - 1; i >= 0; --i) {
45                 (*x)(i, j, k)
46                     = (y(i, j, k)
47                     - ((i + 1 < sx) ?
48                         A(i, j, k).right * (*x)(i + 1, j, k) : 0.0)
49                     - ((j + 1 < sy) ?
50                         A(i, j, k).up * (*x)(i, j + 1, k) : 0.0)
51                     - ((k + 1 < sz) ?
52                         A(i, j, k).front * (*x)(i, j, k + 1) : 0.0))
53                     * d(i, j, k);
54             }
55         }
56     }
57 }
```